101 Dinge, die man über den Wald wissen muss

Für Franziska

Im Wald gibt es viel Unbekanntes zu entdecken.

101 Dinge die man über den Wald wissen muss

Rudolf Nützel

BRUCKMANN

Inhalt

Vorwort

Bevor der moderne Mensch im heutigen Deutschland ansässig wurde, waren die meisten Flächen mit Wäldern bedeckt. Ob größere Herden von Pflanzenfressern, sogenannte →**Megaherbivoren** wie Auerochsen und Wisente, für größere offene Flächen im Wald sorgten, ist umstritten. Vor 2.000 Jahren hat der römische Geschichtsschreiber Tacitus über die Wildheit der Wälder Germaniens und dessen Bewohner berichtet. Angeblich war auch zu Zeiten der Germanen der Wald keineswegs mehr ursprünglich, sondern schon damals durch die Bewirtschaftung beeinflusst. Im Laufe der Jahrhunderte wurde die Waldfläche infolge von Rodungen immer weniger und im →**Hutewald** immer lichter. Zum Sehnsuchtsort der Deutschen wurde der Wald spätestens in der Romantik des 19. Jahrhunderts. Die schwärmerische Waldbegeisterung fällt in eine Zeit, in der die Waldflächen deutlich abnahmen. Denn für die industrielle Revolution wurde Holz zum wichtigen Roh- und Brennstoff. Aus Sorge um die Zukunft wurden Plantagen aus Nadelbäumen angelegt. Eine gewisse Liebe zum Wald haben die Deutschen trotz oder gerade wegen der Übernutzungen und Gefährdungen immer wieder gezeigt: Was in der Romantik der Sehnsuchtsort war, wurde nach dem Zweiten Weltkrieg die Kulisse für verkitschte Heimatfilme und in den 1980er-Jahren der sorgenvolle Kampf gegen das Waldsterben. Emotionen spielen auch heute bei Naturerlebnissen im Wald für uns eine wichtige Rolle. Der Wald ist Erlebnisort und Wildnis, lädt zum →**Waldbaden** ein, ist aber auch Produktionsstätte des Rohstoffes →**Holz** und wichtiger →**Kohlenstoffspeicher**.

Wildtiere im Wald zu sehen, wie diese beiden Rehböcke, ist immer ein besonderes Erlebnis.

Das vorliegende Buch möchte einen leicht lesbaren Beitrag dazu leisten, dass Sie mehr über die wichtigsten Dinge des Waldes in Deutschland wissen. Damit Sie den Wald vor lauter Bäumen sehen.

Viel Freude im Wald und beim Lesen wünscht Ihnen *Dr. Rudolf Nützel*

Ahorn

1

Von Pseudoplatane, Nasenzwicker und Sauerkraut

Von den weltweit rund 150 Ahornarten gelten drei als in Deutschland heimisch: Bergahorn, Spitzahorn und Feldahorn. Allen gemeinsam sind die fünflappigen Blätter, die einer gespreizten Hand ähneln. Der Bergahorn ist der häufigste Ahorn und mit einer Wuchshöhe von über 30 Metern auch die größte Ahornart in Deutschland. Einzelexemplare können über 500 Jahre alt werden. Die dunkelgraue →**Borke** blättert im fortgeschrittenen Alter ab. Dann sieht der Stamm wie eine Platane aus. Auch die gelappten Blätter erinnern an eine Platane. Deshalb hat der Bergahorn auch den wissenschaftlichen Namen *Acer pseudoplatanus*, also »Pseudoplatane« erhalten. Im Vergleich zum Spitzahorn sind die Spitzen der Blattlappen nicht in lange Zipfel ausgezogen. Im Herbst färbt sich das Laub des Bergahorns goldgelb.

Bergahorn hat grüne Winterknospen und Nasenzwicker

Gleichzeitig mit dem Laubaustrieb blüht der Bergahorn gelbgrün. Insekten kommen dann reichlich zur Bestäubung. Die Samen besitzen ein zweiflügeliges Rotorblatt, das sie wie ein Hubschrauber

Die zitronengelben Blüten des Spitzahorns duften süßlich.

weit mit dem Wind fliegen lässt. Diese Samen stecken sich Kinder und Erwachsene gerne auf die Nase. Im Winter kann der Bergahorn an den grünen Knospen gut erkannt werden. Der Spitzahorn entfaltet seine duftenden zitronengelben Blüten vor dem Laubaustrieb. Berg- und Spitzahorn wachsen in der Jugend sehr schnell. Nach 10 Jahren sind schon über 4 Meter möglich, nach 20 Jahren über 15 Meter.

Die abblätternde Schuppenborke des Bergahorns erinnert an Platanen.

Berg- und Spitzahorn besitzen hervorragende Holzqualitäten und werden deshalb zu den Edellaubhölzern gezählt. Das Holz ist hart, aber gut zu bearbeiten. Für einen qualitativ hochwertigen Stamm kann in Ausnahmefällen ein Preis von mehreren Tausend Euro erzielt werden. Aus Ahornholz werden Möbel, Werkzeugstiele oder Parkettböden hergestellt. Eine Spezialverwendung ist die Nutzung für den Bau von Streich- und Zupfinstrumenten. Bei der Violinherstellung dient das helle Holz für die Zargen und Geigenböden. Eine gute Tonqualität verursacht jedoch die Decke aus dem feinjährigen Holz der →**Fichte**.

Auf Ahornblättern fallen oft schwarze Flecken auf. Dabei handelt es sich um die Teerfleckenkrankheit, die der parasitische →**Pilz** »Ahorn-Runzelschorf« verursacht. Diese Krankheit tötet den Baum jedoch nicht.

Feldahornblätter als Sauerkraut

Der Feldahorn ist mit einer Maximalhöhe von 20 Metern die kleinste einheimische Ahornart. Wegen seiner geringen Wuchshöhe wird er im Wald kaum angepflanzt, oft dagegen in Parks und Gärten als freistehender Zierbaum oder als Hecke. Er wird auch Maßholder genannt. Dies leitet sich von der früheren Verwendung der Pflanze als Speisebaum ab. Denn die Blätter wurden wie Sauerkraut gegessen und auch als Viehfutter verwendet. Die Blätter verfärben sich im Oktober knallig gelb. Die Bewirtschaftungsformen →**Niederwald** und Mittelwald nutzen die gute Ausschlagkraft des Feldahorns.

Auwald

2

Die artenreichsten Wälder werden immer weniger

Dort, wo es an Bächen oder Flüssen zu Überschwemmungen kommt, wächst unser artenreichster Wald, der Auwald. Die Kraft des Wassers schafft durch ständige Bodenumlagerungen vielfältige Lebensbedingungen für Pflanzen und Tiere. Je nach Überflutungshäufigkeit, Wasserhöhe und mechanischen Störungen werden Standorte zerstört oder neu geschaffen.

Weichholz- und Hartholzau

Wenn wir an einem natürlichen Flussufer stehen, können wir drei Zonen unterscheiden: die waldfreie Au, die Weichholzau und die Hartholzau. Die Weichholzau befindet sich unmittelbar entlang von Flüssen und wird regelmäßig überflutet. Weiden und Grauerlen wachsen auf den Sand- und Kiesbänken sehr schnell. Sie bilden ein für den menschlichen Gebrauch wenig geschätztes Weichholz, daher der Name. Bei dem am Wasser lebenden Biber sind diese Weichhölzer jedoch sehr begehrt. Weitere typische Baumarten der Weichholzau sind Schwarzpappel und Schwarzerle. Vielen Weichholzauen fehlt heute die natürliche Flussdynamik, da die meisten Flüsse reguliert wurden. Daher entwickelten sich die meisten Weichholzauen mit der Zeit zu Hartholzauen.

Die Hartholzau wird deutlich seltener und kürzer überflutet als die Weichholzau. Typisch sind Harthölzer wie →**Ahorn**, →**Eiche**, →**Esche**, →**Linde** und Ulme. Die meisten Hartholz-Auwälder werden heute nur noch selten überschwemmt und haben bestenfalls noch Anschluss ans Grundwasser. Wegen guter Wasser- und Nährstoffversorgung dominieren dort oft Aufforstungen mit Pappeln. Dabei handelt es sich aber in der Regel nicht um heimische Schwarzpappeln, sondern um Hybridpappeln, die durch Bastardisierung der Schwarzpappel mit amerikanischen Pappelarten erzeugt wurden. Denn diese sind wuchskräftiger als die Elternarten.

Mittlerweile versucht man durch Renaturierungen an Flüssen und Bächen die natürlichen Bedingungen im Auwald wiederherzustellen. Renaturierungen von Auwald verringern Hochwasserspitzen, schaffen mehr Lebensräume für Tiere und sind abwechslungsreiche Erholungslandschaften für uns.

Bannwald

3

Wo früher der königliche Bann wirkte, darf heute ausnahmsweise gerodet werden

Im Mittelalter stand der Begriff Bannwald für ein Waldgebiet, in dem das Recht der Nutzung dem Landesherrn, also dem Fürst oder König vorbehalten war. Dies galt zunächst nur für die Jagd und die Fischerei, erst später auch für die übrige Nutzung des Waldes. Heute hat der Begriff Bannwald je nach Bundesland unterschiedliche Bedeutung.

In Bayern und Hessen gilt als Bannwald ein Wald, der wegen seiner außergewöhnlichen Bedeutung für Wasserhaushalt, Klima und Luftreinigung erhalten werden muss. Häufig handelt es sich um größere Waldgebiete in Verdichtungsräumen um Großstädte herum oder in waldarmen Gebieten. Die Forstwirtschaft ist hier ohne Einschränkungen wie in allen Wäldern ohne Schutzstatus möglich. Eine Rodung von Bannwald für Straßenbau, Siedlungen oder Gewerbegebiete darf nur erfolgen, wenn angrenzend an den Bannwald neuer Wald gepflanzt wird, der hinsichtlich seiner Ausdehnung und Funktionen dem zu rodenden Wald annähernd gleichwertig werden kann. Da diese Voraussetzungen nach Meinung mancher Forstbehörden fast immer erfüllt werden können, stimmen sie Bannwaldrodungen im Ballungsraum meistens zu. Die Ersatzaufforstung kann mehrere Kilometer von der Rodung entfernt liegen, da ein Bannwald größere Waldgebiete umfasst.

In Baden-Württemberg hat der Begriff Bannwald dagegen eine ganz andere Bedeutung. Im »Ländle« werden Totalreservate, in denen kein Holz gefällt und entnommen werden darf, als Bannwald bezeichnet. In anderen Bundesländern Deutschlands sind derartige Totalreservate unter dem Namen →**Naturwaldreservat** bekannt. Die Bannwälder in Baden-Württemberg dienen der wissenschaftlichen Erforschung natürlicher Abläufe in den Wäldern. Durch ihren Reichtum an Struktur und abgestorbenem Holz sind diese Bannwälder Rückzugsgebiete für viele bedrohte Tier-, Pflanzen- und Pilzarten.

Bannwald südlich von München

Bast

4

Pflanzliches oder tierisches Gewebe

Bast wächst an Pflanzen und am Geweih von Tieren. Bei Pflanzen wird das lebende Gewebe unter der →**Borke** von Bäumen und Sträuchern als Bast bezeichnet. Vom →**Kambium** werden die Bastzellen nach außen abgegeben. Dieses Bastgewebe leitet in Wasser gelöste Nährstoffe von der Krone in die Wurzeln. In umgekehrter Richtung transportiert das junge Holz im Baum von den Wurzeln Wasser und Nährstoffe zur Krone. Das Bastgewebe eines lebenden Baumes ist feucht und im Verhältnis zum Holz und zur Borke sehr weich, aber trotzdem ist es immer auch zäh und sehr widerstandsfähig.

Bastfasern in Pflanzen

Als Bastfasern werden Fasern von Pflanzen bezeichnet, die in Form von mehrzelligen Faserbündeln im Bast liegen. Es sind lang gezogene und dickwandige Zellen, die an beiden Enden spitz zulaufen. Eine der Hauptfunktionen dieser Fasern innerhalb der Pflanze ist eine Versteifung der Struktur zur Stabilisierung. Bastfasern von Bäumen, insbesondere von →**Eiche**, →**Linde**, Weide und Ulme, wurden bereits vor mehreren tausend Jahren für grobe Geflechte, Netze, Schnüre, Seile und Textilien genutzt. Aus Bast Einzelteile zusammenzufügen, gilt als Ursprung des Wortes »basteln«.

Bast am Geweih

Bei Tieren wird die Haut am Geweih von →**Rehbock** und →**Hirsch** während seines Wachstums als Bast bezeichnet. Dieser tierische Bast ist stark durchblutet, von Nerven versorgt und samtig behaart. Er trocknet im Sommer aus und wird an Sträuchern und dünnen Baumstämmen in Fetzen abgestreift. Dieses sogenannte Fegen kann zum Absterben oder starken Verletzungen junger Bäume führen.

Tierischer Bast enthält Kalzium, Magnesium, Zink sowie zahlreiche Aminosäuren und entzündungshemmende Prostaglandine. In China wird dieser tierische Bast seit mehr als 2.000 Jahren zur medizinischen Behandlung zahlreicher Erkrankungen eingesetzt. Im Rahmen der traditionellen chinesischen Medizin findet er unter anderem Verwendung bei der Behandlung von Unfruchtbarkeit, Gelenkentzündungen und erhöhtem Blutdruck.

Baum des Jahres

5

Jedes Jahr ein neuer Superstar

In Deutschland bestimmt ein Kuratorium der Dr. Silvius Wodarz Stiftung jedes Jahr den »Baum des Jahres«. Mithilfe der gekürten Baumart sollen der Bevölkerung ökologische, forstliche oder naturschutzfachliche Zusammenhänge verdeutlicht werden. Auch Waldbesitzer und →**Förster** erfahren viel über neue waldbauliche Möglichkeiten für artenreiche Mischwälder. Auswahlkriterien sind die ökologische Bedeutung, Seltenheit oder Bedrohtheit einer Baumart.

Die →**Eiche** war 1989 der erste Baum des Jahres. Damals wurde sie aufgrund der Bedrohung durch das →**Waldsterben** ausgewählt. Andere erwählte Kandidaten wie die Wildbirne (1998) gehören zu den seltensten Waldbäumen in Deutschland. Die Bergulme wurde 1992 favorisiert, weil sie seit Jahrzehnten stark zurückgeht. Die Beeren der häufigen Eberesche (1997) sind für über 60 Vogelarten von Bedeutung und daher für ökologisch ausgerichtete Mischwälder wichtig.

Die Eiche war 1989 der erste Baum des Jahres.

Im Jahr nach der Wiedervereinigung wurde auf die →**Linde** als Symbolbaum für Freiheit und Frieden hingewiesen. Ein besonderer Erfolg war die Wahl des seltenen Speierlings im Jahr 1993. Denn durch die bundesweite Kampagne sind mehr als eine halbe Million junger Speierlinge gepflanzt und diese stark gefährdete Baumart ist so vor dem Aussterben bewahrt worden. Während 2004 bei der →**Tanne** und 2006 bei der Schwarzpappel die Seltenheit und die Gefährdung betont wurden, stand bei der Walnuss im Jahre 2008 ihre kulturelle Bedeutung im Mittelpunkt. 2012 ist mit der Lärche der einzige Nadelbaum bestimmt worden, der im Winter die Nadeln abwirft. Im Jahr 2015 stand der Feldahorn im Mittelpunkt vieler Aktionen. Für 2017 wurde die häufige →**Fichte** und für 2018 die Esskastanie zum Baum des Jahres gekürt. 2019 ist die sehr seltene Flatterulme die Auserwählte.

Bergwald

6

Überleben unter Extrembedingungen

Typisch für den Bergwald sind besondere klimatische Bedingungen und eine exponierte Lage. In den Bergwäldern dauern die Winter länger und es liegt viel Schnee. Die Baumarten und die Vegetation haben sich an nährstoffarme Böden, starke Witterungsschwankungen, intensivere Sonneneinstrahlung und teilweise starkes Gefälle angepasst. Mit steigender Höhe über dem Meer nimmt die Temperatur ab, die Sonneneinstrahlung, die Windgeschwindigkeiten und Niederschläge nehmen zu. Diese Bedingungen bestimmen die Baumartenzusammensetzung und das Erscheinungsbild des Bergwalds.

Submontane, montane und subalpine Höhenstufen

In der untersten Bergwaldstufe, der submontanen Höhenstufe, dominieren in natürlichen Wäldern die →**Buche**, →**Tanne** und →**Fichte**. Seltene Baumarten wie →**Eibe** und Mehlbeere kommen oft nur einzeln vor. Der natürliche Fichten-Tannen-Buchenwald wurde in den letzten Jahrzehnten und Jahrhunderten forstwirtschaftlich häufig durch Fichten-Reinbestände ersetzt. Die darüber liegende montane Höhenstufe

Bergwald schützt günstig vor Naturgefahren.

weist geringere Durchschnittstemperaturen auf. In Mulden und Tälern ist die Gefahr von Frost hoch. Die Buche wird deshalb deutlich zurückgedrängt zugunsten von Fichte und Tanne.

Die subalpine Höhenstufe bildet den obersten Bereich, wo Wald noch vorkommt. Es dominieren die →**Fichte**, Lärche und Zirbelkiefer. →**Buche**, →**Tanne** und Bergahorn kommen nur noch vereinzelt vor. Krüppelwuchs- und Zwergformen zeigen den Überlebenswillen der Bäume unter extremen Klimabedingungen. An südexponierten, trockenen Lagen kommt die →**Kiefer** bestandsbildend dazu.

Intakter Bergwald schützt vor Felsstürzen, Steinschlägen und Lawinen.

Intakter Bergwald als kostengünstiger Schutz

Trotz Rodungen für die Schaffung von Siedlungsgebieten und Weideflächen sowie durch die Nutzung der Bäume sind im deutschen Alpenraum etwa die Hälfte der Fläche und damit deutlich mehr als im Landesdurchschnitt bewaldet. Die Anforderungen an den Bergwald sind hoch. Denn intakte Bergwälder schützen unsere Siedlungen und Verkehrswege vor alpinen Naturgefahren wie etwa Lawinen, Steinschlägen, Felsstürzen, Muren, Rutschungen und Hochwasser. Ein intakter Bergwald kann diese Naturgefahren zwar in der Regel nicht ganz verhindern, ihre Wirkungen aber zumindest abschwächen. Im Vergleich zu technischen Verbauungen schützt der intakte Wald deutlich kostengünstiger und auf ganzer Fläche vor verschiedenen Naturgefahren. Auch bewahrt der Wald den Boden vor Degradierung und Erosion, was in vielen Bereichen, insbesondere im Einzugsbereich von Wildbächen, ein wichtiger Beitrag zum Schutz vor Hochwasser ist. Die meisten Flächen des Bergwaldes gelten als →**Schutzwald** nach dem Waldgesetz. Er dient uns Menschen als attraktives Urlaubs- und Erholungsgebiet, ist begehrtes Revier für →**Jäger** und außerdem Rückzugsort und Lebensraum für selten gewordene Tierarten und Pflanzengesellschaften. Trotzdem wird im Bergwald mit Ausnahme der →**Nationalparks** Forstwirtschaft betrieben, um den nachwachsenden Rohstoff →**Holz** ernten zu können.

Birke

7 Sie liefert seit 50.000 Jahren Kunststoff

Die Hängebirke, auch Weiß- oder Sandbirke genannt, ist mit Abstand die häufigste Birkenart in Deutschland. Sie ist leicht an ihrer weißen Rinde zu erkennen und nach der Eiche der zweitbeliebteste Baum der Deutschen. Beim Besiedeln neuer Lebensräume sind junge Birken wahre Meister. Birkensamen keimen meistens als erste Baumart, da sie nur geringe Ansprüche an den Boden und das Klima stellen.

In Deutschland sind vier Birkenarten einheimisch. Strauchbirke und Zwergbirke findet man nur sehr selten in Moorgebieten. Sie gelten als Reliktarten der letzten Eiszeit. Neben der Hängebirke kommt bei uns die Moorbirke häufiger vor. Sie besiedelt feuchte bis staunasse, kalkarme, saure Moore.

Birkhuhn, Birkenzeisig, Birkenpilz

Viele Vogelarten sind auf Birken angewiesen. So dienen Knospen und Samen der Birke dem Birkenzeisig, erkennbar am roten Stirnfleck, und dem Birkhuhn als wichtige Winternahrung. Die auffällige Balz der Birkhähne war angeblich Vorbild für den bayerischen Schuhplattler. Der Birkenbaum selbst ist Lebensraum für zahlreiche →**Flechten**, Moose und →**Pilze**. Symbiosepartner von Birken ist der schmackhafte Birkenpilz. Eine besondere Vorliebe für Birken zeigt unser populärster Pilz, der wegen seiner auffälligen Färbung bekannte Fliegenpilz. Auch viele Insektenarten leben als Parasiten oder in Symbiose in und auf der Birke. So sollen über hundert Schmetterlingsarten als Raupen die Hänge- und Moorbirke als Futterpflanze nutzen.

Birkenpech als Klebstoff

Birkenpech wurde nachweislich schon vor rund 50.000 Jahren als erster systematisch hergestellter Kunststoff der Menschheitsgeschichte zum dauerhaften Verbinden von Steinkeilen, Pflanzenfasern und Holzgriffen genutzt. Sowohl Neandertaler als auch Ötzi verwendeten diesen Kleber.

Als Holzlieferanten werden bei uns vor allem Hänge- und Moorbirke genutzt. Das leichte Holz ist gelblich weiß und besitzt fleckenartige Hell-Dunkel-Lichteffekte, die durch Unregelmäßigkeiten im Faserverlauf entstehen. Früher stellte man daraus Holzschuhe und Wäscheklammern her. Heute wird das Holz für Möbel und Sperrholzplatten verwendet. Auch als Brennholz ist das dekorative Kaminholz beliebt. Dank ätherischer Öle brennt Birkenholz sogar in frischem Zustand. Birkenrinde fand früher vielfältigen Gebrauch, etwa für Spanschachteln als Vorratsbehälter für Mehl, Tee und Brot. Diese Behälter nutzten die antiseptischen Eigenschaften der Birkenrinde. Eine natürliche Alternative zu Tupperware!

Ein Besen aus Birkenzweigen ist die leise und gesunde Variante zum lärmenden Laubbläser. In der Volksmedizin werden die Blätter und der Birkensaft verwendet. Birkenblätter helfen mit ihrer harntreibenden Wirkung bei Rheuma, Gicht und Wassersucht. Durch das Abzapfen des Stammes oder Anschneiden von Ästen wird der für wenige Wochen im Frühjahr fließende Birkensaft gewonnen. Äußerlich angewandt oder direkt getrunken soll er gegen Haarausfall gut sein. Da der Birkensaft zuckerhaltig ist, lässt er sich in vergorener Form als Birkenwein genießen. Dieser kann angeblich als Stärkungsmittel für impotente Männer dienen.

Im Brauchtum haben Birken einen festen Platz. In der Nacht zum 1. Mai wurden sie von unverheirateten Männern vor die Häuser ihrer Angebeteten gestellt, als Liebesbeweis.

Typische weiße Birkenrinde

Blumen im Wald

8

Licht und Wärme sorgen für das jährliche Blütenwunder

So richtig farbenprächtig wird es im Wald meist ab März, wenn die Pflanzen in den Genuss von ausreichend Licht und Wärme kommen. Im Frühling dringt unter den Laubbäumen das Sonnenlicht ungehindert durch die kahlen Äste. Später im Jahr zeigt sich auch der Laubwald schattig und das Lichtangebot ist nur noch entlang von Wegen, an Waldrändern, in lichten Wäldern oder auf Schlagfluren groß.

Das jährliche Wunder im Frühling

Bevor im Frühjahr das Laub austreibt und das Blätterdach den größten Teil des Sonnenlichtes schluckt, müssen die ganz unten lebenden Blumen ihr Fortpflanzungsgeschäft erledigt haben. Wie aus dem Nichts breiten dann die Märzenbecher im März, aber auch Weiße und Gelbe Ane-

Die violetten Blüten des Waldveilchens erscheinen im April.

mone ihre Blütenteppiche auf dem besonnten Boden aus. Duftend treibt der Seidelbast zwischen den letzten Schneeflecken hervor. Die nur in Bayern heimische Schneerose, auch Schwarze Nieswurz genannt, bietet Insekten bereits während kühler Tage eine Wärmestube zur Bestäubung an. In ihren Nektargefäßen bauen Hefepilze den Nektarzucker ab und sorgen so dafür, dass es in der Blüte bis zu sechs Grad wärmer ist als außerhalb. Hummelköniginnen, die schon bei niedrigen Temperaturen fliegen, können sich also nicht nur am Nektar bedienen, sondern auch die Füße wärmen. Lila Leberblümchen blühen zwischen Büscheln von Waldschlüsselblumen und einzelnen Lungenkräutern. Wenig später betört der Geruch des Bärlauchs. Seine Blätter dürfen nicht mit denen des giftigen Maiglöckchens verwechselt werden. Hinzu kommt das Violett verschiedener Veilchenarten. Es ist ein Wunder an Farbenpracht, das jedes Frühjahr auf dem Waldboden erneut erscheint.

Leberblümchen strecken sich im Frühling zwischen abgeworfenen Buchenblättern dem Licht entgegen.

Powerpakete im Waldboden

Man wundert sich, woher diese zarten Pflänzchen, von denen monatelang nichts zu sehen war, plötzlich die Energie haben, um mit voller Kraft Blüten und Blätter zu treiben. Das Geheimnis liegt unter der Erde. In Zwiebeln und Rhizomen lagern Vorräte, welche die Pflanzen bereits im Vorjahr während der Vegetationsperiode angelegt haben. Geschützt im Boden überstehen sie die kalte Jahreszeit. Sobald es ein bisschen wärmer wird und genügend Licht zum Boden gelangt, wird geblüht und gefruchtet. Der Energievorrat wird dank der Fotosynthese schon für das nächste Jahr vorbereitet. Nur wenige schattentolerante Pflanzen gelangen im Sommer zur Blüte: →**Rotes Waldvögelein**, Goldnessel, Waldmeister, Waldziest, Sauerklee, Zweiblättriges Schattenblümchen, Waldrebe und viele Moos- und Farnarten. Der Efeu blüht gar erst im Herbst, wenn das Blätterdach wieder lichtdurchlässiger wird.

Bogieband

9

Wie die Holzernte aus dem Bestand ein bisschen pfleglicher erfolgt

Holz ist bekanntlich ein sehr schweres Produkt. Forstmaschinen wie der →**Harvester** und der →**Forwarder** bearbeiten und transportieren das Holz zum Großteil abseits der Forststraßen auf Rückegassen im →**Waldbestand**. Wegen ihres hohen Gewichts verursachen sie Schäden am Waldboden und an den Bäumen. Bogiebänder an den Reifen können helfen, diese Schäden etwas zu verringern.

Die Bänder werden über die Reifen der Forstmaschinen gezogen. Sie wiegen jeweils rund eine Tonne und bestehen aus der Reifenrundung angepassten, gewölbten Platten, die untereinander mit Kettengliedern verbunden sind. Die Formen variieren von schmalen, geraden Platten bis zu solchen in U- oder V-Form, bestückt mit Stegen für besseren Grip. Auf ihnen sind je nach Anwendungszweck jeweils bis zu vier Stahlspikes aufgeschweißt. Die Platten der Bänder sind meist aus Stahl, seltener aus Kunststoff. Je nachdem, in welchem Gelände und bei welcher Bodenbeschaffenheit die Bogiebänder eingesetzt werden, sind auch die Platten und ihre Abstände zueinander ausgelegt. Bänder mit breiten Platten und geringem Abstand werden auch Sumpf- oder Moorbänder genannt. Sie sind besonders für die schonendere Befahrung schlecht tragfähiger Böden geeignet.

Bogiebänder können Schäden am Waldboden verringern.

Die Bänder verbessern die Zugkraft und Steigfähigkeit der Maschinen und erzielen einen Bodenschutz-Effekt. Wissenschaftliche Untersuchungen beweisen, dass durch den Einsatz von Bogiebändern unter den Reifen geringere Verdichtungen im Waldboden auftreten. Die intensivere Belastung der Forststraßen, höherer Treibstoffverbrauch und hohe Anschaffungskosten machen die Holzernte mit so ausgestatteten Maschinen jedoch teurer.

Borke

10

Die äußerste Schicht des Baumes

Beim genauen Betrachten der äußersten Schicht verschiedener Baumarten wie beispielsweise →**Buche**, →**Birke**,→**Eiche**, →**Esche**, →**Kiefer** oder →**Ahorn**, erkennen wir sofort das unterschiedliche Aussehen. Die Buche hat als äußerste Schicht eine silbergraue glatte Rinde und keine Borke. Birken und Kirschen besitzen eine Ringelborke, alte Bergahorne und Kiefern eine abblätternde Schuppenborke. Eichen und Eschen tragen dagegen eine charakteristische Netzborke.

Die Borke entsteht beim Rindenwachstum aus den abgestorbenen Teilen des →**Bastes**. Die äußerste Schicht des Baumes schützt die darunterliegenden Schichten des Baumstamms vor Hitze, Kälte, intensiver Sonnenstrahlung, Regen, Wind, Feuer und mechanischen Einflüssen. Sie dient auch der Abwehr von Schädlingen und Infektionen.

Tiefrissige Borke einer alten Lärche

Die Buche besitzt keine Borke, weil dies im schattigen Wald nicht notwendig ist. Als Schattbaumart gedeiht sie gut im schattigen Waldbestand. Wird eine Buche jedoch freigestellt, reagiert sie sensibel mit Sonnenbrand auf den plötzlichen Lichteinfall auf der Rinde. Aufgrund der relativ dünnen Rinde verträgt sie auch keine mechanischen Verletzungen.

Die Borke wandelt sich im Laufe eines Baumlebens. Bei der Kiefer ist die Borke in der Jugend glatt und graugelb. Später bilden sich im unteren Stammbereich braunrote, tiefrissige und grobe Schuppen.

Borke und Kork nutzt der Mensch schon lange. So wird die dicke Korkschicht der Kork-Eiche als Flaschenkorken, Untersetzer, Pinnwand, Bodenbelag, orthopädisches Schuheinlagenmaterial sowie als Bau- und Wärmedämmstoff verwendet. Die Borke der →**Fichte** wird für die Erzeugung von »Rindenmulch« und »Rindenkompost« verwendet.

Borkenkäfer

11

Wichtiger Zersetzer und großer Schädling

Wegen der großen Schäden im Wald, die Borkenkäfer anrichten, sind sie sehr bekannte Käferarten. Sie spielen aber auch als →**Destruenten** eine wichtige Rolle im Stoffkreislauf des Waldes. Diese Käfer bohren zur Eiablage Gänge unter die →**Borke** in lebendes Rindengewebe. Die Larven dieser Käfer ernähren sich vom →**Bast**. Da diese Schicht die Lebensader des Baumes darstellt, führt der Befall zu dessen Absterben. Es gibt unterschiedliche Borkenkäferarten, die unterschiedliche Baumarten befallen. Die häufigsten Borkenkäfer sind der →**Buchdrucker** und der Kupferstecher, die beide die →**Fichte** befallen.

Das Rieseln der Nadeln kann man hören

Ist ein Baum befallen, erkennt man dies an den kleinen Bohrlöchern, den Fraßgängen auf der Innenseite der Rinde und braunen Bohrmehlspuren am Stamm. Zur Suche nach den Käfern und Larven schlagen →**Spechte** Teile der Borke ab. Dadurch leuchtet die angegraute Fichten-

In Nahaufnahme wirkt der Borkenkäfer recht harmlos.

rinde rot. Abgeschlagene Rindenstücke liegen dann unter den befallenen Bäumen. Die Nadeln in der Krone befallener Bäume verfärben sich rötlich wegen der Unterbrechung des Saftstroms. Die roten Kronen sind weithin sichtbar. Bei guter Wasserversorgung oder in der vegetationsfreien Zeit fallen auch grüne Nadeln vom Baum ab. Diese können massenhaft auf dem Waldboden liegen. Das Rieseln der Nadeln kann man beim aufmerksamen Waldbesuch hören.

Viele Waldbesitzer haben durch die Pflanzung ausgedehnter Fichtenbestände in Monokultur optimale Borkenkäferbiotope geschaffen. Die Fichte ist eigentlich ein Baum der Gebirge, der feuchtes und kühles Klima bevorzugt. An Standorten im Tiefland ist sie aber krankheitsanfällig und leidet oft unter Trockenheit und an Nährstoffmangel. Die Klimaerwärmung erhöht den Stress. Sind durch mehrere aufeinander folgende warme und trockene Vegetationsperioden und die Vielzahl geeigneter Brutbäume gute Entwicklungsbedingungen gegeben, kann es zu Massenvermehrungen der Borkenkäferarten kommen.

Borkenkäfer riechen die Schwäche von Bäumen

Selbst geschwächte Fichten können aber kaum von einzelnen Käfern überwältigt werden. Nötig ist eine erhöhte Konzentration der Schädlinge. Eine entscheidende Rolle spielen dabei Duftstoffe. Borkenkäfer riechen es, wenn eine Fichte kränkelt. Dann bohren sie sich durch die Borke und legen eine Rammelkammer an. Der Baum wehrt sich durch klebrigen Harzfluss, dem die ersten Angreifer zum Opfer fallen. Ist die Widerstandsfähigkeit des Baumes schließlich gebrochen, werden die Brutsysteme angelegt.

Der Schaden durch Borkenkäferbefall kann für den Waldbesitzer enorm sein. So fallen bei großflächigem Borkenkäferbefall die Holzpreise und die verursachte Holzverfärbung führt zu einem Wertverlust. Ein Waldbesitzer ist gesetzlich verpflichtet, zum Schutz der angrenzenden Nachbarn sofortige Maßnahmen gegen den Borkenkäferbefall zu ergreifen. Ist der Käferschwarm noch im Baum, können Larven und gerade geschlüpfte Jungkäfer durch Entrindung getötet werden. Älteren Käfern kann man vor dem Ausflug nach Entrindung des Holzes mit Verbrennung begegnen. Bei Trockenheit stellt dies ein hohes Risiko dar.

Die gefällten Bäume kann man auch auf Flächen mit ausreichend Abstand zum Wald transportieren. Die Bekämpfung durch Abtransport befallener Bäume ist jedoch umstritten. Denn in Fichten mit hoher Befallsdichte kommt es auch zu Masseninfektionen und Massensterben der Borkenkäfer durch →**Pilze**, Sporozoen, Bazillen und Viren. Käfer, die ausfliegen, tragen die Infektion weiter und die Population bricht anschließend zusammen.

Brusthöhendurchmesser

12

Mit dem BHD wird die Holzmasse errechnet

Will ein Waldbesitzer wissen, wie viel Holzmasse in seinem Wald steht, muss er zählen, messen und rechnen. Den Brusthöhendurchmesser, abgekürzt BHD, misst man in 1,3 Metern Höhe. Zur Bestimmung der Holzmasse eines stehenden Waldbestands ist der BHD der übliche Baumdurchmesser. Besser geeignet wäre der Durchmesser in der Stammmitte eines Baumes. Dieser könnte aber nur mit sehr hohem Aufwand ermittelt werden. In Brusthöhe ist bei den meisten Bäumen der Einfluss der Wurzelanläufe auf den Durchmesser nicht mehr vorhanden und die Durchmesserwerte weisen enge statistische Beziehungen zu anderen Kennwerten eines Waldbestands, zum Beispiel Stammgrundfläche, Höhe oder Volumen auf.

Als Instrument zur Messung des BHD dient meist eine Kluppe, in Ausnahmefällen auch ein Durchmesser-Maßband. Dieses bestimmt den Durchmesser indirekt über das Verhältnis zum Umfang. Die Messung mit der Kluppe erfolgt zweifach über Kreuz und daraus wird der Mittelwert errechnet. Wenn sich in Brusthöhe Äste, Beulen oder Wucherungen befinden, wird oberhalb und unterhalb davon gemessen und der Mittelwert gebildet. Bei Bäumen, die am Hang stehen, wird die Brusthöhe von 1,3 Metern an der Hangoberseite ermittelt.

Der BHD wird mit der Kluppe in 1,3 Metern Höhe gemessen.

Bei forstlichen Aufnahmen des →**Waldbestands** wird über den BHD näherungsweise die Holzmasse ermittelt. Die Näherungsformel lautet: Volumen = $BHD^2/1000$. Dabei wird der BHD in Zentimeter eingesetzt, das Ergebnis sind dann →**Festmeter**. Dieses Verfahren liefert allerdings nur ein grobes Schätzvolumen, das ausschließlich für Fichte, Tanne und Buche mit einer Höhe von 25 bis 30 Metern ausreichende Ergebnisse liefert. Beispielsweise beträgt die Holzmasse eines Baumes bei einem BHD von 50 Zentimetern rund 2,5 Festmeter.

Buchdrucker

13

Der Achtzähnige Fichtenborkenkäfer verdankt seinen Erfolg den Monokulturen

Buchdrucker hinterlassen wie gedruckte Buchstaben aussehende Fraßgänge.

Die Larven des Buchdruckers, auch Großer Achtzähniger Fichtenborkenkäfer genannt, fressen Muster unter die Rinde, die gedruckten Buchstaben ähneln. So entstand der übliche Name »Buchdrucker«. Jeder Vorderflügel dieses →**Borkenkäfers** ist am Rand mit vier Zähnen besetzt, also insgesamt acht, daher der zweite Name. Ursprünglich war dieser bei Waldbesitzern gefürchtete Käfer nur in den höchsten Lagen der Mittelgebirge und der Alpen in Fichtenwäldern zu finden. Da die →**Fichte** in den letzten 200 Jahren im Menschen einen großen Förderer fand, taucht der Buchdrucker regelmäßig in über 50 Jahre alten Fichten-Beständen auf. Er befällt aber auch Lärche, →**Tanne** und →**Douglasie.**

Eine gesunde Fichte kann durch die Absonderung von Harztropfen Attacken des etwa 5 Millimeter großen Buchdruckers abwehren. Ist es der Fichte zu trocken, zu warm oder sind die Wurzeln durch →**Windwurf** angerissen, kann sie sich gegen die Bohrattacken jedoch kaum wehren. Dann vermehren sich die Insekten in Massen und ganze Bestände können ihnen, unabhängig von ihrer Vitalität, zum Opfer fallen.

→**Spechte** haben nur einen geringen Einfluss auf die Massenvermehrung der Buchdrucker. Anders sieht es bei Infektionen durch →**Pilze**, Sporozoen, Bazillen und Viren aus. In Fichten mit hoher Befallsdichte durch den Buchdrucker kommt es zu Masseninfektionen. Käfer, die noch ausfliegen, tragen die Infektion weiter und führen zu einem Massensterben der Buchdrucker. Zum Monitoring des Schwärmfluges werden Lockstofffallen mit Pheromonen aufgestellt. Dabei geht man davon aus, dass hohe Fangzahlen in den Fallen entsprechend stärkeren Befall in den Waldbeständen anzeigen.

Buche

14

Die Mutter des Waldes wächst fast überall

Der in Deutschland häufigste Laubbaum wächst überall dort, wo das Klima überwiegend feucht und kühl ist. Man findet die Buche vom Tiefland bis in die Berge, nur extreme Trockenperioden und dauerhafte Nässe verträgt sie nicht. Wegen ihres leicht rötlichen Holzes wird sie auch Rotbuche genannt. Die bis zu 10 Zentimeter großen Blätter haben einen welligen Rand mit seidigen Härchen. Die Blattfarbe wechselt im Herbst von Blassgelb zu Orangerot bis Rotbraun. Im Herbst und Winter fällt das Laub oft nicht ab und bleibt bis zum Austrieb der neuen Blätter am Baum hängen. Dadurch bieten Buchen als Heckenpflanzen auch im Winter einen guten Sichtschutz. Innerhalb von 100 Jahren wird eine Buche zu einem mächtigen bis zu 30 Meter hohen Baum, dessen Krone im Freistand genauso breit wie hoch sein kann. Buchen können mehrere hundert Jahre alt werden. Im Alter trägt sie eine glänzend glatte silbergraue Rinde.

Buchenblätter haben am Rand seidige Härchen.

Buche als Lebensraum

→**Spechte** bauen ihre Nisthöhlen bevorzugt in Buchen. Die Buche beherbergt rund 240 →**xylobionte Käfer**. Die einzige nur an Buchen lebende Käferart ist der Buchenspringrüssler. Die Käfer fressen Löcher in die Blätter. Durch die Blattminen der Larven sehen Buchen Ende Mai wie von Spätfrost geschädigt aus.

Ihren großen Bekanntheitsgrad verdankt die Buche ihren Früchten, den Bucheckern: zwei stachelige Fruchtbecher mit Nüssen. Von einem Verzehr ist aber abzuraten, denn die Früchte enthalten neben dem Gift Fagin auch in geringen Mengen Oxalsäure. Schon eine Handvoll Bucheckern kann Übelkeit auslösen. Für viele Wildtiere sind Bucheckern eine wichtige Nahrungsgrundlage.

Buchenkeimlinge gedeihen zwischen stacheligen Fruchtbechern.

Vielseitig verwendbares Buchenholz

In der →**Forstwirtschaft** verjüngt man Buchenwaldbestände im Schutz der Altbäume durch Dosierung des Lichteinfalls. Bei zu starker Öffnung droht den Keimlingen Frostgefahr sowie starke Konkurrenz durch andere Pflanzen. Zu wenig Licht dagegen lässt die Keimlinge verkümmern.

Die Buche liefert Nutzholz für die Möbel- und Spielzeugindustrie und den Parkett- und Treppenbau. Aus Buchenfasern werden Span- und Faserplatten hergestellt. Auch Fasern wie Viskose und Lyocell werden aus Buchenholz gewonnen. Die Buche liefert ein ausgezeichnetes Brennholz wegen des ruhigen Abbrennens, der intensiven Glutbildung und des hohen Heizwerts. Aufgrund der starken Glutbildung eignet es sich auch gut zum Grillen.

Die Buchenwälder in Mitteleuropa lassen sich grob in drei standortbedingte Typen einteilen: Die »Kalkbuchenwälder« sind an das Vorkommen kalkhaltiger Böden gebunden. Die »Braunerde-Buchenwälder« sind vor allem in Norddeutschland häufig. Auf nährstoffreichen Braunerden können Buchen ihr maximales Potenzial entfalten. Von diesen Buchenwäldern sind jedoch nur noch wenige Reste vorhanden, da sie größtenteils schon früh in landwirtschaftliche Nutzflächen umgewandelt oder durch Fichten ersetzt wurden. Die »bodensauren Buchenwälder« wachsen auf sauren, nährstoffärmeren Böden. Auch diese Wälder sind weitgehend gerodet oder die Buche ist durch Fichte ersetzt worden.

Buchengallmücke

15

Harte Zipfelmützen auf dem Buchenblatt

Auf Buchenblättern sieht man ab Mai häufig rote oder gelbe zipfelmützenartige Gebilde. Dies sind die Gallen der Buchengallmücke. Als Gallen an Pflanzen bezeichnet man Anomalien im Wachstum, die durch fremde Organismen verursacht werden. Es existiert eine große Vielfalt an Gallenverursachern. Die meisten Gallen erzeugenden Lebewesen sind Insekten wie zum Beispiel Gallwespen und Gallmücken. Hervorgerufen und gesteuert wird die Gallenentwicklung durch die Injektion sogenannter Cytokinine in das Pflanzengewebe. Diese Pflanzenhormone stimulieren die Zellteilung.

Rote Gallen auf Buchenblättern entstehen durch Saugen der Larven von Buchengallmücken.

Die ab Ende März schlüpfenden Buchengallmücken legen nach der Begattung ihre winzigen, nur 0,3 Millimeter großen roten Eier auf den Blattknospen der →**Buche** ab. Jedes Weibchen produziert bis zu 300 Stück. Jede Larve sucht sich auf dem Blatt eine Stelle zum Saugen aus. Als Reaktion ihrer Saugaktivität bildet sich ein Wall, der sie umgibt und sich zur schützenden Galle entwickelt. Diese ist bis zu 1 Zentimeter groß, zugespitzt, hart und hat eine glatte Oberfläche. Ein Längsschnitt durch eine Galle zeigt eine weißlich gefärbte Larve, die nur mit der Lupe zu erkennen ist.

Die Gallen fallen im Herbst auf den Boden und die Gallmücke überwintert als Larve. Erst im Frühjahr verpuppt sie sich in der abgefallenen Galle. Ein Massenauftreten der Gallmücke ist selten und wird meist rasch durch eine Vielzahl von natürlichen Feinden reguliert.

Ursprünglich kamen Buchengallmücken nur in Europa vor. Sie wurden mittlerweile jedoch auch in Nordamerika eingeschleppt.

Destruenten

16

Recycling funktioniert ausgezeichnet im Wald

Im Wald lauert überall der Tod: Die meisten Tiere des Waldes werden gefressen oder sterben eines anderen natürlichen Todes, alle Laub- und einige Nadelbäume werfen im Herbst ihre Blätter oder Nadeln ab und die Blumen verwelken. Übrig bleiben riesige Mengen toter organischer Substanz, der Detritus. Diesen organischen Abfall verwerten spezialisierte Organismen, die Destruenten.

Asseln ernähren sich von abgestorbenen Pflanzenteilen.

Man unterscheidet zwischen den Streufressern und den Mineralisierern. Streu nennt man die Teile der abgestorbenen Vegetation, die unzersetzt auf dem Boden liegen (→**Waldboden**). Streufresser wie Regenwürmer, Asseln, Schnurfüßer, Springschwänze, Bodenmilben oder Nematoden ernähren sich von toter organischer Substanz und bauen diese zu organischen Verbindungen ab. Mineralisierer wandeln die organischen Stoffe in anorganische Stoffe wie Kohlenstoffdioxid, Wasser und Mineralstoffe um. Dabei handelt es sich vorrangig um Bakterien und →**Pilze**. Zunächst werden Zucker und kurzkettige Kohlenhydrate durch Bakterien, Hefen und andere Pilze abgebaut. Komplexe Verbindungen im →**Holz** wie Lignin und Zellulose sind allerdings nur schwer abbaubar, aus ihnen aufgebaute organische Substanzen bleiben daher lange erhalten. Weil in einer intakten Natur nichts von Dauer ist, haben sich bestimmte Pilze auf die Zerlegung von Lignin und Zellulose spezialisiert. Aus diesen anorganischen Stoffen bauen die Pflanzen wiederum organische Stoffe, zum Beispiel Traubenzucker, auf. Dafür benötigen sie Sonnenlicht.

Durch die Tätigkeit der Bodenbakterien werden auch Humusstoffe gebildet. Humus erhöht die Fruchtbarkeit des Bodens. Der Mensch nutzt die Zersetzungsprozesse von organischen Substanzen bei der Kompostierung im Garten. Dort zersetzen die Destruenten anfallendes Laub und Gras, aber auch Küchenabfälle zu Kompost.

Douglasie

17

Eine Amerikanerin entwickelt sich zum Lieblingsbaum der deutschen Waldbesitzer

Der höchste Baum Deutschlands heißt Waldtraut und ist eine Amerikanerin, eine Douglasie: Sie hat eine Höhe von 67 Metern und ist rund 110 Jahre alt. Douglasien werden bei uns seit über 120 Jahren im Wald gepflanzt. Sie wachsen deutlich höher hinaus als Fichten, Tannen und Buchen. Angesichts der Klimaänderungen mit Dürreperioden wie im Sommer 2018 und der Zunahme von Extremwetterereignissen lässt die Douglasie höhere Wuchsleistungen und Stabilität erwarten als Fichtenbestände. Deshalb pflanzen Waldbesitzer nach einem Sturmwurf immer häufiger Douglasie als Alternative zur →**Fichte**. Allerdings zeigen neue wissenschaftliche Erkenntnisse: Das Risiko von →**Windwurf** ist bei der Douglasie ähnlich hoch wie bei der Fichte.

Mit der Entdeckung Amerikas wurden Regionen mit dem europäischen Klima ähnelnden Witterungsbedingungen vorgefunden. Viele neue Pflanzenarten Amerikas wurden nach Europa gebracht, systematisch vermehrt und angebaut. Hierzu zählen viele für unsere heutige Ernährung elementare Nutzpflanzen wie Kartoffel, Tomate und Mais.

An Douglasienzapfen stehen die Deckschuppen heraus.

Die Douglasie war schon einmal in Europa heimisch

Die Douglasie, auch Douglastanne oder Douglasfichte genannt, wächst schnell und kann in Amerika über 1.400 Jahre alt werden. Die Nadeln verströmen beim Zerreiben einen aromatischen, orangenartigen Duft. Die herabhängenden Zapfen mit den herausstehenden Deckschuppen fallen wie bei der Fichte als Ganzes ab. Vor der letzten Eiszeit war sie in Europa heimisch, starb dann aber aus. Im Nordwesten von Nordamerika überlebte sie und wurde im 18. Jahrhundert von dem schottischen Botaniker Douglas wieder nach Europa gebracht. Die Förster unterscheiden je nach Vorkommen in Küsten-Douglasie, auch Grüne Douglasie genannt, und Gebirgs-Douglasie. Die Küsten-Douglasie wird in Deutschland forstlich angebaut. Die Douglasie ist heute die in Deutschland wichtigste nicht heimische Forstbaumart und nimmt einen Anteil von rund 2 Prozent der Waldfläche ein.

Die Borke älterer Douglasien hat tiefe Spalten.

Douglasienholz ist begehrt

Das Holz der Douglasie ist frisch leicht rötlich wie Lärchenholz und findet Verwendung als Furnierholz, Parkett, Möbel, Vertäfelung sowie Konstruktionsholz im Innen-, Erd-, und Wasserbau. Auch für Fenster, Türen und Spezialanwendungen wie Schiffsmasten, Pfähle, Schwellen, Fässer kann es genutzt werden. Es verfügt über eine höhere natürliche Resistenz gegen Fäule als Fichtenholz.

Douglasien gehen eine →**Mykorrhiza**-Symbiose mit dem Zweifarbigen Lacktrichterling ein, die bei den Keimlingen eine Verdreifachung der Biomasse bewirken kann. Wälder aus Douglasien in Deutschland weisen eine geringere Artenvielfalt und Individuendichte bei Vögeln, Asseln, Spinnen, Laufkäfern, Rüsselkäfern, Ameisen, Moosen, Flechten und Pilzen auf als heimische Baumarten.

Durchforstung

18

Wertvollste Bäume werden gezielt gefördert

In einem →**Waldbestand** kommt es mit zunehmendem Alter und ständig steigendem Raumbedarf der Einzelbäume zu einem immer stärkeren Konkurrenzdruck. Unter natürlichen Verhältnissen sterben bei dieser Selektion die weniger vitalen Bäume. Die überlebenden Bäume stellen nicht unbedingt auch die wirtschaftlich wertvollsten Exemplare dar. Denn die vitalsten Bäume können starkastig, verletzt oder krumm sein. Qualitativ hochwertige Bäume würden sich ohne gezielte Förderung daher nur zufällig durchsetzen. Alle Hiebseingriffe, bei denen verwertbares Derbholz, also Holz ab einem Durchmesser von mehr als 7 Zentimetern, anfällt, werden als Durchforstungen bezeichnet.

In Mischbeständen würden ohne steuernde Durchforstungseingriffe die konkurrenzkräftigeren Schattbaumarten auf Dauer über die mit zunehmendem Alter in ihrer Wuchspotenz nachlassenden →**Lichtbaumarten** dominieren. Der Waldbesitzer will jedoch auch wirtschaftlich wertvolle Lichtbaumarten wie →**Eiche**, →**Kiefer** oder Lärche fördern und ernten.

Die Auslese zugunsten der wertvollsten Bäume hat stattgefunden.

Davon unabhängig erreichen selbst die Bäume, die sich im Laufe des Bestandslebens durchgesetzt haben, aufgrund des unter natürlichen Konkurrenzbedingungen suboptimalen Standraums nur selten in angemessener Zeit die angestrebte Zielstärke. Wichtigste Aufgabe der Durchforstung ist es daher, diese Nachteile einer natürlichen und zufallsbedingten Bestandsentwicklung durch gezielte und wiederkehrende Auslese im Hinblick auf das angestrebte Entwicklungsziel zu steuern.

Alle durchzuführenden Pflegemaßnahmen konzentrieren sich im Wesentlichen auf die sich abzeichnenden qualitativ und vital besten Einzelbäume, die →**Z-Bäume**. Idealerweise sollen diese in vielen Jahrzehnten den Endbestand bilden.

Eibe

19

Der Bogenbaum ist ein immergrüner, giftiger Schattenkünstler

Die Eibe wächst schon seit 600.000 Jahren in Europa, allerdings jeder Baum extrem langsam. Sie ist nicht nur die älteste, sondern auch die schattenverträglichste Baumart in Deutschland. Als Künstlerin im Schatten überlebt sie unter Lichtverhältnissen, die alle anderen Baumarten zum Absterben bringen.

Eine Eibe kann nur bis 20 Meter hoch, aber über 1.000 Jahre alt werden, wenn der Mensch sie lässt. Da schon wenige Eibennadeln ein Pferd töten können, beseitigten früher Hirten und Fuhrleute die giftigen Eiben rigoros. Die letale Dosis für Menschen liegt bei 50–100 Gramm. Dazu müssten jedoch mehrere tausend Nadeln verzehrt werden. Lediglich der bei Reife durch Karotinoide lebhaft rot gefärbte Samenmantel, der Arillus, und der Pollen, sind ungiftig. Heute nutzt die Medizin die Gifte der Eibe gezielt als Mittel zur Krebsbekämpfung. Für →**Rehe** sind Eibennadeln jedoch ein bevorzugter Leckerbissen. Daher muss die Eibe aufwändig gegen Wildverbiss geschützt werden.

Der Name Eibe geht auf die keltische Bezeichnung »iwa« für Armbrust oder Bogen zurück. Deshalb wird die Eibe auch Bogenbaum genannt. Das Holz ist haltbar, hart und elastisch zugleich. Daraus wurden Bögen und Armbrüste millionenfach gefertigt, bis es kaum noch Eiben gab. Auch »Ötzi«, die Gletschermumie, verwendete vor rund 5.300 Jahren einen Eibenbogen. Der Stiel seines Kupferbeils war auch aus Eibenholz gefertigt. Jahrhundertelange Übernutzung durch den Menschen ist der Hauptgrund für die Seltenheit der Eibe. Deshalb wurde beispielsweise bereits 1589 das Fällen von Eiben in Oberbayern verboten. Denn die Eiben waren zu diesem Zeitpunkt schon weitgehend ausgerottet.

Immerhin der Pollen der Eibe ist ungiftig.

Keltische Druiden verehrten Eiben als heilige Bäume. Auch die Germanen benutzten Eibenzweige zur Abwehr von bösem Zauber und gegen gefürchtete Dämonen.

Eiche

20

Die Früchte machen leckeren Schinken

Eicheln, gelappte Blätter und stark gefurchte →**Borke** sind die Erkennungsmerkmale von Eichen. In Deutschland sind zwei Eichenarten einheimisch: die Stieleiche, auch Deutsche Eiche genannt, und die Traubeneiche. Beide Eichenarten zählen mit einer Wuchshöhe von bis zu 40 Metern zu den höchsten Laubbäumen in Europa. Stiel- und Traubeneichen unterscheiden sich äußerlich kaum.

Auf der Netzborke älterer Eichen wächst gerne Moos.

Beide Eichenarten sind allerdings an unterschiedlichen, natürlichen Standorten zu finden: Die Stieleiche, die die Eicheln am langen Stiel trägt, bevorzugt eher Gebiete mit feuchten und nährstoffreichen Böden wie →**Auwälder**. In den Alpen kommt sie höchstens in einer Höhe von 800 Metern vor. Dagegen findet sich die Traubeneiche eher in warmen und trockeneren Gebieten der Ebenen. Die Eichen werfen ihre Blätter ähnlich der →**Buche** erst sehr spät ab, teilweise erst im Frühjahr, sodass die Blätter als trockene, braune Anhänge im Winter am Baum verbleiben.

Eichenwälder erinnern an mittelalterliche Schweinemast

Gegen die Konkurrenz der →**Buche** kann sich die Eiche nur in wärmeren und niederschlagsärmeren Landschaften durchsetzen. Heutige große Eichenwälder wie im Spessart sind keine →**Urwälder**, sondern Kunstprodukte der Forstwirtschaft. Jahrhundertelang diente die Eiche als Futterlieferant für die Schweinemast in aufgelichteten →**Hutewäldern**. Bei starkem Eichelbehang an den Bäumen sprechen wir auch heute noch von einem Mastjahr. Denn je mehr Eicheln von den Bäumen fielen, desto leckerer schmeckten die Schinken der im Wald gemästeten Schweine. 1.000 Jahre alte Eichen sind äußerst selten, aber möglich.

Diese Eiche lieferte viele Jahrhunderte Eicheln für die Schweinemast.

Das Hartholz wird für viele Zwecke verwendet

Eichenholz zählt zum Hartholz und ist wegen seines großen Anteils an Gerbstoffen sehr widerstandsfähig gegen Pilzbefall. Aufgrund seiner großen Härte und Wetterbeständigkeit wird es auch für den Bau von Schiffen, Brücken und Brückenpfeilern im Wasser verwendet. Im Hausbau findet es Verwendung für Fenster, Möbel, Furniere, Parkett, Tische, Türen und Treppen. Wegen ihres hohen Heizwerts eignet sich die Eiche auch gut als Brennholz für den Kachel- und Kaminofen. Eichenholz muss vor seiner Verwendung als Brennholz unbedingt ausreichend getrocknet werden. Wird Eichenholz mit einem Feuchtegrad von über 20 Prozent verbrannt, führt das zu einer größeren Rauchentwicklung, höheren Schadstoffwerten und geringeren Brennwerten. Der höhere Wasseranteil in den Verbrennungsabgasen kann zusammen mit der in Eichenholz enthaltenen Gerbsäure zu einer Versottung des Kamins, also einer Ablagerung von Säuren, führen. Dadurch wird dessen Mauerwerk angegriffen.

Ferner kommt Eichenholz zur Anwendung als Material für Cognac- oder Weinfässer. Denn das Holz hat einen besonderen Einfluss auf Geschmack und Aroma. Die gemahlene Rinde der Stieleiche diente in früheren Zeiten zur Herstellung von Gerbsäure für die Lederbearbeitung. Auch die Eicheln enthalten Gerbstoffe und wurden in der Gerberei eingesetzt.

Eichhörnchen

21

Niedlicher Samenverstecker und Nesträuber

Eichhörnchen gehören zu den bekanntesten Nagetieren des Waldes. Mittlerweile lebt das niedlich aussehende Tier auch in Städten, vorzugsweise in Parks, Gärten und auf Friedhöfen. Dort findet es ein großes Nahrungsangebot. Die Fellfarbe der Eichhörnchen ist je nach Region und Jahreszeit sehr unterschiedlich. Sie kann von fuchsrot bis braunschwarz variieren. Im Sommer ist das Fell recht dünn und meist heller. Das Winterfell dagegen ist länger und buschiger. Auch die Fellbüschel an den Ohren wachsen in der kalten Jahreszeit. Ihr ganzer Körperbau ist eine ideale Anpassung an ein Leben in den Bäumen. Lange Hinterbeine mit starker Muskulatur ermöglichen schnelles Klettern und Springen. An den Vorderpfoten hat das Eichhörnchen vier, an den Hinterpfoten fünf lange Finger bzw. Zehen mit scharfen Krallen. Damit klettert es auch an glatten Baumstämmen rauf und runter und vergräbt Vorräte.

Wer war der Täter dieser abgenagten Fichtenzapfen im Schnee?

Hervorragender Seh-, Hör- und Geruchssinn

Der buschige Schwanz ist multifunktional einsetzbar. Beim Weitspringen dient er als Balancierstange, beim Springen als Fallschirm, bei Kälte als Kuscheldecke und an heißen Tagen als Schattenspender. Seh-, Hör- und Geruchssinn sind bei den tagaktiven Eichhörnchen hervorragend ausgeprägt. Ihre großen Augen verschaffen ihnen einen guten Rundumblick und auch die räumliche Wahrnehmung ist sehr gut. Der Geruchssinn der Eichhörnchen ist sehr fein. Selbst Nüsse, die 30 Zentimeter unter dem Schnee liegen, können sie riechen. Auch nachts können sie sich gut orientieren. Die Tasthaare an der Schnauze, über den Augen, an den Beinen, am Bauch und über der Schwanzwurzel helfen beim Fühlen und Tasten.

Eichhörnchen fressen nicht nur Haselnüsse.

Eichhörnchen sind Allesfresser. Hauptnahrung sind Tannen-, Kiefern- und Fichtensamen, Nüsse, Obst, Knospen und frische Triebe. Wer Eichhörnchen helfen will, sollte den Hecken- und Strauchschnitt im Garten erst machen, wenn die letzten Früchte herabgefallen sind. Daneben verzehren sie auch Insekten, Schnecken, Jungvögel und Vogeleier.

Die possierlichen Nager halten während der kalten Jahreszeit Winterruhe und keinen Winterschlaf. Im Herbst legen sie deshalb Vorräte an. Bucheckern, Nüsse und Samen werden in Baumhöhlen, in Rinden oder Astgabeln versteckt. Dank ihres guten Geruchssinns finden sie die Nahrung im Winter in vielen Fällen wieder. Alle Verstecke scheinen sie sich aber nicht merken zu können, denn einige der eingegrabenen Samen beginnen im Frühjahr zu keimen und wachsen zu neuen Bäumen heran.

Viele Feinde sind der Eichhörnchen Tod

Das Eichhörnchen ist die Nahrung vieler Wildtiere. Baummarder, Wiesel, Habichte, Mäusebussarde und Eulen, aber auch Hauskatzen haben die putzigen Nager zum Fressen gern. Doch keiner der Räuber konnte bisher dem Eichhörnchen-Bestand in Deutschland gefährlich werden. Zu flink bewegen sich die Nager die Bäume herauf und herunter. Greifvögel werden zudem dadurch irritiert, dass Eichhörnchen in kreisenden Bewegungen um die Baumstämme herumlaufen. Viel bedrohlicher ist für die Eichhörnchen in den vergangenen Jahrzehnten ein Artgenosse geworden: das Grauhörnchen aus Nordamerika.

Esche

22

Wie lange gibt es die Esche noch?

Im →**Auwald** ist oder mittlerweile besser gesagt war die Esche eine häufige Baumart. Denn sie ist vom Aussterben bedroht. Bis auf wenige Ausnahmen sind alle Eschen von einem parasitären →**Pilz** befallen, der das Eschentriebsterben verursacht.

Von diesem Eschentriebsterben sind junge Bäume genauso betroffen wie alte. Der Pilz »Falsches Weißes Stengelbecherchen« verursacht diese relativ neue Krankheit an fast allen Eschen. Dieser infiziert im Sommer grüne Blätter, dringt über die Blattstiele in gesunde Zweige ein und besiedelt das Holzgewebe. Befallene Triebe zeigen gelbliche bis rote Rindenverfärbungen. Durch das Absterben der infizierten Blätter und Triebe kommt es zur Verlichtung der Baumkrone. Nach massivem mehrjährigem Befall stirbt der Baum. Über die Luft und durch den Handel mit infiziertem Baumschulmaterial verbreiteten sich die Pilzsporen in wenigen Jahren über ganz Mitteleuropa. Die Krankheit wurde für Deutschland erstmalig 2007 beschrieben. Untersuchungen an befallenen Zweigen zeigten, dass der Erreger vereinzelt bereits drei Jahre früher auftauchte. Inzwischen kann man von einem flächigen Vorkommen des Eschentriebsterbens ausgehen. Nur ein kleiner Prozentsatz der Bäume ist bisher nicht gegen die Krankheit anfällig. Es bleibt zu hoffen, dass daraus eine künftig weniger anfällige Eschengeneration entsteht.

Eschen können über 40 Meter hoch werden.

Gesunde Eschen können Höhen von über 40 Metern erreichen. Bei günstigen Voraussetzungen kann die tiefwurzelnde Esche auf den von ihr bevorzugten gut durchlüfteten, tiefgründigen und basenreichen Böden ein Alter von 300 Jahren erreichen.

Eschenholz ist biegsam und zäh.

Große Wäsche oder große Bleiche?

An den Zweigen befinden sich gegenständige, unpaarig gefiederte, bis etwa 20 Zentimeter lange Blätter aus mehreren Teilblättern. Ähnlich wie die Eichen- treiben die Eschenblätter erst im späten Frühling aus. Eine Bauernregel sagt: »Grünt die Eiche vor der Esche, gibt es im Sommer große Wäsche.« Es gibt also viel Regen!

»Treibt die Esche vor der Eiche, bringt der Sommer große Bleiche.« Es wird also heiß und trocken. Im Herbst wirft die Esche als einzige einheimische Baumart ihre Blätter im grünen Zustand ab. Im Gegensatz dazu bleiben die reifen, braunen Früchte in Form zweisamiger Nüsse mit Flügeln über den ganzen Winter an den Ästchen hängen.

Eschenholz ist zäh und elastisch

Bei Waldbesitzern ist die Esche begehrt, da ihr zähes und biegsames →**Holz** gute Preise erzielt. Eschenholz wird sowohl als Massivholz als auch in Form von Furnieren verwendet. Küchen-, Wohn- und Schlafzimmermöbel aus Esche sind bei der Bevölkerung beliebt. Des Weiteren wird ihr Holz für Wand- und Deckenverkleidungen und zur Herstellung von Parkett- und Dielenböden verwendet. Eschenholz wird besonders dann eingesetzt, wenn hohe Ansprüche an die Festigkeit, Zähigkeit und Elastizität gestellt werden, so zur Herstellung von Stielen für Hämmer, Beile, Schaufeln, Äxte, Sensen, Rechen und andere Werkzeuge. Auch Sport- und Turngeräte wie Sprossenwände und Rodelschlitten werden traditionell aus Eschenholz gefertigt.

Falke

23

Schneller Jäger mit gezieltem Biss

Falken bauen kein Nest. Sie legen ihre Eier in bereits vorhandene Nester oder auf Felsvorsprünge. Ihre Beute töten sie durch einen gezielten Biss, entweder in die Halswirbelsäule bei größeren Beutetieren oder in die Schädeldecke bei kleineren. Ihr »Falkenzahn« erleichtert ihnen diesen Tötungsbiss. Dieser spitze Zacken an der seitlichen Schneidekante des Oberschnabels unterstützt den Biss. Alle Falken haben relativ lange, spitz zulaufende Flügel, kurze Krallen und große Augen mit dunkler Iris. Ein Stift im Zentrum des Nasenlochs erleichtert beim schnellen Flug, die einströmende Luft zu verwirbeln und so die Atmung zu erleichtern.

Die häufigsten Falkenarten bei uns sind: Baumfalke, Turmfalke und Wanderfalke.

Baumfalke

Am besten ist der Baumfalke an seinen »roten Hosen«, den Federn an den Beinen, zu erkennen. Er benötigt Bäume für sein Nest, das ihm meist Elstern und Krähen gebaut haben. Der sehr gewandte Luftjäger kommt in vielen Regionen Deutschlands vor, mit Ausnahme der Alpen und Teilen des Mittelgebirges. Er bevorzugt die Nähe von offenen Flächen, vor allem über Mooren und an Gewässern. Denn er jagt mit Vorliebe Li-

Der Wanderfalke lauert kreisend hoch am Himmel.

bellen, aber auch Zuckmücken, Käfer, Schmetterlinge sowie kleinere Vögel. Zu schaffen machen ihm die Intensivierung der Landwirtschaft durch Entwässerung von Feuchtgebieten sowie der Einsatz von Kunstdünger und Pestiziden. Dadurch gibt es immer weniger Beutetiere.

Junger Turmfalke: Er verbringt das ganze Jahr in Deutschland.

Turmfalke

Eines der wichtigsten Kennzeichen des Turmfalken ist der Rüttelflug. Dabei späht er mit heftigen Flügelschlägen und breit gefächertem Schwanz in der Luft stehend nach Mäusen, Eidechsen und Insekten, die er im schnellen Stoßflug geschickt erbeutet. Als Nest dienen Felsnischen und Höhlen, aber auch Mauerlöcher oder Simse in hohen Gebäuden. Turmfalken gehen auf Freiflächen mit geringem Bewuchs auf Mäusejagd. Im zeitigen Frühjahr kann man die männlichen Turmfalken bei ihren Balzflügen mit erregten Rufen beobachten. Nach der Paarung lockt das Männchen das Weibchen zu seinem ausgewählten Brutplatz.

Wanderfalke

Der Wanderfalke prescht beim Jagen mit teilweise 300 Sachen durch die Luft. Er legt die Flügel an, gibt Gas und schießt wie ein Torpedo aus seiner kreisenden Lauerposition hoch am Himmel auf einen unter ihm fliegenden Vogel zu. Dann schlägt er seine Beute im Flug. Auf diese Turboangriffe ist seine Anatomie zugeschnitten: kurzer Schwanz und spitz zulaufende Flügel. Wanderfalken fressen Vögel bis zu einem Gewicht von 500 Gramm, also maximal eine Ringeltaube. In Deutschland besiedelt der Felsenbrüter auch bewaldete Gebiete.

In den 1960er-Jahren war der Wanderfalke in ganz Europa fast vollständig verschwunden. Umweltgifte und gnadenlose Verfolgung waren die Hauptursachen. Dank groß angelegter Artenhilfs- und Schutzprogramme erholte sich die Population des Wanderfalken seit Anfang der 1980er-Jahre in Deutschland wieder. Beobachten kann man den schnellen Jäger nur wenige Sekunden. Am besten achtet man auf die Alarmrufe anderer Vögel.

Festmeter

Das Maß für die Holzmasse

24

Waldbesitzer, Holzkäufer und Förster messen Holz in Festmetern. Ein Festmeter, abgekürzt fm, entspricht einem Kubikmeter fester Holzmasse, also ohne die Zwischenräume in der Schichtung. Für eine genauere Berechnung muss jedes Stammstück vermessen werden. Das entsprechende Maß mit Zwischenräumen bei geschichtetem Stückholz oder Scheitholz ist der Raummeter, in Süddeutschland auch als »Ster« bezeichnet. Ein Raummeter entspricht 0,7 Festmeter.

Eschen-Stammholz: 2 Erntefestmeter

Aber Festmeter ist nicht gleich Festmeter. Wird der Holzvorrat eines stehenden Baumes oder eines stehenden Waldes ermittelt, dann wird in Vorratsfestmeter mit Rinde gemessen. Wird dieser →**Waldbestand** geerntet, werden jeweils rund 10 Prozent Rinden- und Holzernteverluste vom Vorratsfestmeter abgezogen, und man erhält so den Erntefestmeter. 100 Vorratsfestmeter Fichte mit Rinde ergeben also etwa 80 Erntefestmeter ohne Rinde.

Ermittelt der Förster im Wald die Holzmasse des Stammholzes, errechnet er die Anzahl der Festmeter über den Mittendurchmesser und die Länge der Stämme. Dabei wird bei einem Holzstapel jeder einzelne Stamm bewertet. Im Wald erkennt man das daran, dass bereits vermessene Stämme mit einem Punkt aus der Spraydose markiert sind.

Schichtraummeter

Beim Schichtraummeter ist das Holz im Gegensatz zum Raummeter bereits ofenfertig als Holzscheit geschnitten. Ein Schichtraummeter entspricht einem Kubikmeter gestapeltem, kurz geschnittenem Scheitholz. Im Gegensatz zum Schüttraummeter wird es ordentlich gestapelt. Dieses

Maß wird gerne verwendet, wenn das Kaminholz auf einer Palette verkauft wird. Beispielsweise Baumärkte verkaufen Brennholz in dieser Form.

Schüttraummeter

Brennholz ordentlich aufzuschichten, ist Handarbeit und bedeutet Mehraufwand. Viele heimische Brennholzhändler verkaufen daher Kaminholz bevorzugt als Schüttraummeter, da sie das Scheitholz dann recht effizient auf einen Lkw oder Anhänger verladen können. Dank der Kippvorrichtung ist ein schnelles Abladen möglich. Ein Schüttraummeter entspricht einer lose geschütteten Holzmenge von einem Kubikmeter. Schüttraummeter wird als Einheit meist beim Kauf von ofenfertig geschnittenem Brennholz verwendet. Die meist rund 30 Zentimeter langen Holzscheite fallen ungeordnet durcheinander, sodass vergleichsweise große Zwischenräume entstehen.

Schüttkubikmeter

Der Schüttkubikmeter entspricht einem Kubikmeter vollgeschüttet mit Brennholz, Hackschnitzel, Stückholz oder Holzspänen. Wer sein Kaminholz in der Einheit Schüttkubikmeter lose geliefert bekommt, kann die Holzmenge auf der Ladefläche des Lkw kontrollieren. Ein Schüttraummeter mit 33 Zentimeter langen Buchenscheiten nimmt ordentlich aufgestapelt noch 0,7 Raummeter ein. Das reine Holzvolumen entspricht dann 0,49 Festmeter.

Die roten Punkte auf der Stirnseite der Fichtenabschnitte zeigen, dass die Holzmasse schon gemessen wurde.

Fichte

25

Brotbaum und Partner vieler Pilze

Die Unterscheidung ist ganz leicht: Liegen im Wald längliche Zapfen auf dem Boden, dann handelt es sich um Fichtenzapfen. Denn Tannenzapfen fallen als einzelne Zapfenschuppen vom Baum, fast nie als Ganzes. Und: Die »Rottanne« ist keine Tanne, sondern ein anderer Name für die Fichte, weil ihre Rinde rotbraun ist. Genaues Hinschauen lohnt sich also: Bei der Fichte ist die Rinde rotbraun, bei der Tanne jedoch silbergrau. Fichten können 600 Jahre alt und 50 Meter hoch werden, wenn der Mensch sie nicht vorher fällt. Die forstliche →**Umtriebszeit** beträgt dagegen nur 80 Jahre, also nur 13 Prozent des möglichen Fichtenalters. Fichtennadeln sind stechend spitz, weshalb sie nicht gerne vom →**Reh** gefressen werden.

Die Fichte ist der Brotbaum der Waldbesitzer

Von Natur aus ist die Fichte eine Baumart der Gebirge. Jedoch haben die deutschen Waldbesitzer und Forstleute in den letzten Jahrhunderten diesen Gebirgsbaum weit über sein natürliches Verbreitungsgebiet hinaus

Fichten mit Moorbirken am Waldrand im Winter

angebaut. Wegen ihres im Vergleich zu anderen Baumarten schnelleren Wachstums und der Möglichkeit, bereits in jüngeren Beständen Holz kostendeckend zu ernten, gilt sie als »Brotbaum« der deutschen Waldbesitzer. Heute ist sie die häufigste Baumart in deutschen Wäldern. Noch in der zweiten Hälfte des 20. Jahrhunderts wurden viele Flächen mit Fichtenmonokulturen aufgeforstet. Hierbei wurden auch wenig geeignete Standorte bepflanzt, da Wüchsigkeit vor Bestandssicherheit ging. Mittlerweile werden zahlreiche Fichtenbestände wieder in Mischwälder umgewandelt.

Unter der Fichtenborke frisst der Borkenkäfer.

Der Anbau der Fichte außerhalb ihres natürlichen Verbreitungsgebiets ist stark durch die →**Rotfäule** gefährdet. Auch die Gefahr der Schädigung durch →**Borkenkäfer** ist hoch. Insbesondere längere Perioden mit wenig Regen schwächen das Abwehrsystem der Fichte und führen zu starkem Käferbefall. Durch ihr flaches Wurzelsystem ist die Fichte neben Dürre auch stärker durch →**Windwurf** gefährdet als viele andere Baumarten. Frisch geworfene Bäume bilden häufig günstige Brutmöglichkeiten für Borkenkäfer, sodass Sturm- und Borkenkäferschäden meistens Hand in Hand erfolgen.

Lebensgemeinschaften mit vielen Speisepilzen

Die Fichte geht mit einer Reihe von Pilzen eine enge Lebensgemeinschaft ein, die als →**Mykorrhiza** bezeichnet wird. Dazu gehören der Fliegenpilz, der Perlpilz, der Spitzhütige und der Gelbe Knollenblätterpilz. Auch die als Speisepilze geschätzten Arten Steinpilz, Maronenröhrling, Ziegenlippe und Schönfußröhrling leben in Symbiose mit Fichten.

Fichtenholz ist die Nummer eins als Bauholz. Doch auch aus der Musikszene ist die Fichte nicht wegzudenken. Sie bildet das am häufigsten verwendete heimische Klangholz für Streich- und Tasteninstrumente. Das Holz muss langsam gewachsen sein, um möglichst enge Jahrringe hervorzubringen; diese gewährleisten eine hohe Festigkeit und gute Schwingungseigenschaften. Außerdem muss es astfrei sein und darf keinen Drehwuchs aufweisen.

Flechte

26

Win-win-Strategie von Pilz und Alge

Eine Flechte ist der Zusammenschluss von →**Pilzen** und Fotosynthese betreibenden Partnern zu beiderseitigem Nutzen. Diese Partner können Grünalgen oder Cyanobakterien sein. Die Eigenschaften der Flechten unterscheiden sich deutlich von jenen Organismen, aus denen sie sich zusammensetzen. Erst in der Symbiose bilden sich die typischen Wuchsformen der Flechten heraus.

Die Graue Baumflechte wächst verbreitet auf Baumrinde.

Von ungefähr 25.000 Flechtenarten weltweit kommen in Mitteleuropa etwa 2.000 vor. Flechten werden immer nach dem Pilz benannt, der die Flechte bildet, da er ihr die Form und Struktur gibt. Jüngste Forschungsarbeiten zeigen, dass auch mehr als eine Pilzart in einer Flechte vorkommen kann.

Pilze nehmen Wasser und Mineralstoffe auf, sie können allerdings mangels Blattgrün keine Fotosynthese bewerkstelligen. Algen und Cyanobakterien hingegen sind zur Fotosynthese fähig. Sie besitzen allerdings keine Wurzeln, weshalb sie kaum Wasser und Mineralstoffe aus der Umgebung aufnehmen können. In der Symbiose liefert der Pilz der Alge beziehungsweise der Cyanobakterie das Wasser, einen sicheren Halt auf seiner Oberfläche und er gibt Schutz vor schneller Austrocknung, Hitze und intensivem Licht. Umgekehrt wird der Pilz mit Zucker und Stärke aus der Fotosynthese versorgt. Somit profitieren beide.

Strauch-, Laub-, Krustenflechten

Nach der Wuchsform werden Strauchflechten, Laubflechten und Krustenflechten unterschieden. Die Krustenflechten sind relativ einfach gebaut und flächig mit dem Substrat verwachsen. Deshalb können sie nicht unbeschädigt entfernt werden.

Schwefelflechte auf Silikatfelsen

Auch Laubflechten wachsen überwiegend in die Fläche, sind aber meist lappig geteilt. Sie können leicht abgelöst werden. Bei den Strauchflechten ist das Längenwachstum dominierend. Zu ihnen zählen die langen Bartflechten.

Flechten besitzen keine Möglichkeit, ihren Wasserhaushalt zu regeln, da sie nicht wie Pflanzen echte Wurzeln zur aktiven Wasseraufnahme und auch keinen Verdunstungsschutz besitzen. Bei Trockenheit verlieren sie relativ schnell das für die Aufrechterhaltung des Stoffwechsels nötige Wasser und wechseln in einen inaktiven Zustand. Der Wassergehalt sinkt dann bis auf 10 Prozent des Trockengewichts. Nur im ausgetrockneten Zustand sind sie in der Lage, Temperaturextreme oder hohe Lichtintensitäten zu überstehen. Diese Fähigkeit der Ruhestarre ist in kalten Gebieten sehr wichtig, da dort gefrorenes Wasser nicht für den Stoffwechsel verfügbar ist.

Flechten zum Färben, Mumifizieren und als Duftstoffe

Mehrere Flechtenarten besitzen eine seit dem Altertum bekannte antibiotische Wirkung, die bereits im alten Ägypten bei der Mumifizierung genutzt wurde. Eine »Isländisch Moos« genannte Strauchflechte wird noch heute in der Medizin als Hustenmittel eingesetzt. Nach Entfernung der Bitterstoffe wurde die Art in Notzeiten auch als Nahrungsmittel verwendet. Einige Arten liefern Farbstoffe zum Färben tierischer Fasern oder Duftstoffe für die Herstellung von Parfümen. Viele Flechten sind gegen Luftverschmutzung sehr empfindlich. Deshalb können Flechten eine wichtige Rolle als Bioindikatoren spielen.

Förster

27 Mehr Spraydose als Gewehr

Die Vorstellungen vom deutschen Förster sind voller Klischees: ständig draußen im Wald, grüner Lodenmantel, den Jagdhund an der Leine, das Gewehr geschultert: So sehen viele Menschen auch heute noch den typischen Förster. Tatsächlich verbringen viele Förster auch im 21. Jahrhundert viel Zeit im Wald und gehen mit der Büchse auf die Jagd. Die Spraydose ist mittlerweile zum wichtigen Utensil des Försters geworden und entsprechend oft im Einsatz.

Vom Heidereiter zum Oberförster

Der Beruf des Försters sowie seine Bezeichnung ist erst im 18. Jahrhundert aufgekommen. Entwickelt hat er sich aus der Jagd und aus der Bewirtschaftung der Waldes. Die ersten Förster rekrutierten sich aus den Berufsjägern der herrschenden deutschen Landesfürsten. Wald und →**Wildtiere** sollten sie vor Dieben und Wilderern schützen. Die Entwicklung der verwendeten Bezeichnungen der für den Wald zuständigen Beamten lässt sich am Beispiel der preußischen Förster darstellen. Anfang des 18. Jahrhunderts trugen sie die Bezeichnungen »Heideläufer« oder »Heidereiter«. Im Laufe des 18. Jahrhunderts entwickelte sich aus dem »Heideläufer« der »Gehende Förster« und ab 1742 die Bezeichnung »Unterförster«. Der »Heidereiter« wurde zum »Reitenden Förster« und ab 1745 als »Oberförster« tituliert. Die Förster auf dem Pferd waren also die Chef-Förster.

Der Förster erläutert eine Durchforstung im Hainbuchen-Eichen-Wald.

Vielfältige Kompetenzen notwendig

Über Jahrhunderte war der Beruf des Försters eine reine Männerdomäne, mittlerweile gibt es auch immer mehr Försterinnen. Die Försterinnen und Förster müssen auf vielen Tätigkeitsfeldern kompetent sein. Sie kümmern sich um die Waldbestände und die darin lebenden Wildtiere. Regelmäßige Waldbesuche mit der Spraydose gehören dazu. Vor einer →**Durchforstung** werden die beschädigten, kranken oder wirtschaftlich weniger wertvollen Bäume mit Farbe markiert, ebenso die Rückegassen. Zwei Mal im Jahr müssen die Bäume entlang von Straßen hinsichtlich ihrer →**Verkehrssicherheit** begutachtet werden. Das gefällte Holz muss käufergerecht aufgearbeitet, sortiert und termingerecht verkauft werden. Der Förster braucht naturkundliches Wissen und muss überzeugend als Kaufmann auftreten. Darüber hinaus muss er sich darum kümmern, dass der Wald die vielfältigen Wünsche der Erholungssuchenden erfüllt. Und schließlich muss er auch noch Pädagoge sein. Denn die →**Waldpädagogik** ist Bildungsauftrag. Und eine jagdliche Passion sollte auch noch vorliegen. Denn der Grundsatz →»**Wald vor Wild**« muss mit der Büchse umgesetzt werden.

Die Försterin freut sich über seltene Käfer in einer uralten Eiche.

Bevor man in Deutschland Förster sein darf, muss man nach dem Abitur mehrere Jahre studieren. Hierfür gibt es vier Universitäten und fünf Hochschulen. Durch die neuen Möglichkeiten der Bachelor- und Master-Abschlüsse verwischen die Grenzen zwischen Universitäts- und Hochschulstudium immer stärker. Forstleute mit einem Universitätsabschluss haben die Möglichkeit, in der Forstwissenschaft zu arbeiten oder nach einer zweijährigen Referendarzeit in die staatliche Forstverwaltung einzutreten.

Revierförster wird man nach einem Hochschulstudium und einer anschließenden einjährigen Anwärterzeit. Betriebe des Privat-, Kommunal- oder Staatswaldes bieten dann vielfältige Beschäftigungsmöglichkeiten. Viele Förster arbeiten auch als →**Forstsachverständiger**, in der Holzindustrie, bei Naturschutzorganisationen oder in der Entwicklungshilfe.

Forsteinrichtung

28 Der ganze Wald verplant

Für die Zukunftsplanung braucht ein Forstbetrieb regelmäßig eine Analyse der bisherigen Betriebsergebnisse und aktuelle Daten. Die Forsteinrichtung liefert diese. Sie erfasst den Waldzustand, überprüft und bewertet das bisherige Vorgehen und plant Maßnahmen für einen Zeitraum von 10 oder 20 Jahren.

Im Zuge der Forsteinrichtung werden der Grenzverlauf und die Flächengrößen, die Baumartenzusammensetzung, Baumhöhen und Durchmesser, die Holzvorräte, der Bodenzustand, Wasserhaushalt und die Waldfunktionen erfasst. Auch Totholzanteile, Baumkrankheiten und Wildschäden werden erhoben und beurteilt. Auf der Grundlage all dieser Daten und des Holzzuwachses für jeden →**Waldbestand** wird die nutzbare Holzmenge, der Hiebssatz, ermittelt. Dieser Hiebssatz gibt die nachhaltig jährlich einschlagbare Holzmenge an. Wegen des Gebots der →**Nachhaltigkeit** darf diese Holzmenge nicht höher sein als der Holzzuwachs der nutzbaren Bäume. Die multifunktionale Ausrichtung der Forstwirtschaft muss auch Naturschutz, Wasser-, Boden-, Klima- sowie Immissionsschutz und Erholungsfunktion des Waldes innerhalb der Forsteinrichtung planerisch berücksichtigen.

Die Forsteinrichtung führt zu einem Forsteinrichtungswerk. Dieses besteht aus dem Revierbuch, dem Flächenverzeichnis und Forstbetriebskarten. Im Revierbuch werden die Waldbestände beschrieben und Maßnahmen für jeden →**Waldbestand** geplant. Das Flächenverzeichnis besteht aus der Auflistung aller Waldflächen des Forstbetriebs nach Gemeinde, Gemarkung, Flurstück und Größe. Die farbigen Forstbetriebskarten mit der Waldeinteilung und dem Wegesystem tragen die Förster während ihrer Tätigkeit meist bei sich.

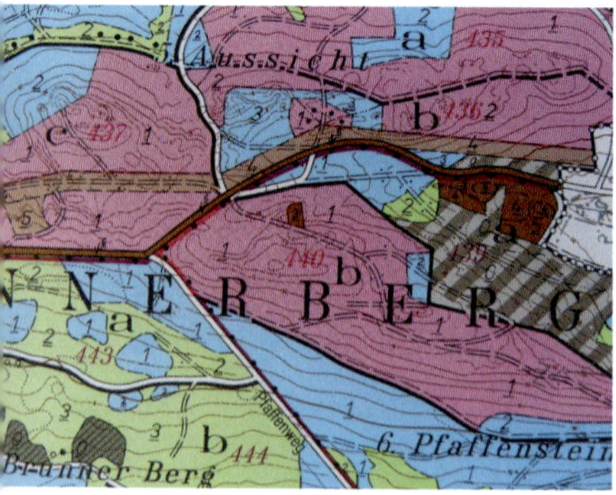

Die bunte Forstbetriebskarte zeigt Waldbestände und das Wegesystem.

Für öffentliche Wälder ist die Aufstellung von Betriebsplänen gesetzlich vorgeschrieben. Wälder von Stiftungen, Rechtlern und große Privatwälder lassen ein Forsteinrichtungswerk meist von →**Forstsachverständigen** erstellen.

29 Forstmeister Drais

Ein Förster erfindet das Fahrrad dank eines Vulkanausbruchs

Karl Freiherr von Drais gilt als Erfinder des Laufrades, dem Vorläufer des Fahrrads. Im Jahre 1811 wurde er als badischer Forstmeister ohne Forstamt vom Dienst freigestellt, um seiner Neigung als Erfinder nachzugehen. 1818 ernannte ihn der badische Großherzog Carl sogar zum Professor für Mechanik und gewährte ihm ein Gehalt bis zu seinem Lebensende.

Das Jahr ohne Sommer

Freiherr von Drais: Badischer Forstmeister ohne Amt und Erfinder des Laufrades

Auslöser für Drais' Erfindung war der Ausbruch des Vulkans Tambora auf der indonesischen Insel Sumbawa im Jahr 1815. Dadurch wurde so viel Staub und Asche in die Atmosphäre getragen, dass 1816 der Sommer in Nordamerika und Europa ausfiel. Die Temperaturen sanken, der Himmel blieb das ganze Jahr grau, die Ernten waren sehr dürftig. Aus Hunger schlachteten die Menschen ihre Pferde. Aber ohne Zugtiere für Kutschen und Karren brach der Waren- und Personentransport zusammen. Das brachte den findigen Forstmeister auf die Idee, ein Fahrzeug zu entwickeln, mit dem sich ein Mensch auch ohne die Kraft eines Pferdes fortbewegen konnte. Er hatte schon 1812 damit begonnen, an solch einem Gefährt zu basteln. Entscheidend war sein Geistesblitz, zwei Räder hintereinander anzuordnen, anstatt wie bei der Kutsche nebeneinander. Er nahm einen Holzbalken, auf dem der Sitz montiert wurde, und befestigte vorne und hinten zwei Räder. Das vordere Rad war lenkbar. Angetrieben wurde das Gefährt mit den Füßen.

Vor 200 Jahren mit 15 km/h durch Mannheim

Die erste Probefahrt mit seinem 20 Kilogramm leichten Laufrad, das später von Zeitungen als »Draisine« bezeichnet wurde, unternahm er von seinem Wohnhaus in Mannheim zum 7 Kilometer entfernten Schwetzingen am 12. Juni 1817. Für den Hin- und Rückweg benötigte er nur eine knappe Stunde und erreichte damit eine Durchschnittsgeschwindigkeit von 15 Stundenkilometern. Vor 200 Jahren war dies enorm schnell.

Drais war auch politisch engagiert. Als im Mai 1849 die Soldaten in den Garnisonsstädten meuterten und der Großherzog vor seinen unzufriedenen Untertanen floh, bekannte sich Drais zur Demokratie. Als die Revolution scheiterte, rächte sich das Regime an ihm. Seine Pension auf Lebenszeit wurde ihm zur Begleichung der Revolutionskosten gestrichen. Dann erklärte ihn ein politisch motiviertes medizinisches Gutachten wegen »Geistesschwäche und partieller Verbohrtheit« für nicht mehr zurechnungsfähig.

Weitere Erfindungen des Försters Drais

Der Forstmeister ohne Forstamt hat außer dem Laufrad noch weitere Dinge erfunden. Dazu gehören eine »Notenschriftmaschine«, die beim Klavierspielen die Noten aufschrieb, eine »Dyadische Charakterik« genannte Rechenart mit den Grundzahlen 0 und 1, ein »Wagen ohne Pferde«, eine »Schnellschreibmaschine« mit vier mal vier Tasten, ein »Holzsparherd« mit Rohrleitungssystem, dessen System von Branntweinbrennereien übernommen wurde, sowie eine »Kochmaschine«.

Nachbau einer Draisine

Forstsachverständiger

30

Gutachter für Sonderaufgaben

Wer einen Universitätsabschluss erworben, eine mindestens zweijährige Referendarszeit absolviert und die Große Forstliche Staatsprüfung bestanden hat, darf als Forstsachverständiger tätig sein. Sie können sich öffentlich bestellen und vereidigen lassen.

Ein Forstsachverständiger ermittelt den Holzvorrat mit Kluppe und Höhenmesser.

Private forstliche Sachverständige bieten qualifizierte Dienstleistungen zu Wald und Bäumen an. Sie ergänzen mit ihrer Expertise die Tätigkeiten der Forstbeamten in den Verwaltungen. Zu den angebotenen Leistungen von Forstsachverständigen gehören forstliche Gutachten zur →**Forsteinrichtung**, Waldbewirtschaftung, Holzvermarktung, jagdliche Gutachten, Wildschadensschätzungen, Beurteilung der →**Verkehrssicherheit** von Bäumen, Waldbewertungen oder Waldschadenserhebungen. Sie führen auch die Kontrollen von zertifizierten Forstbetrieben durch. Eher selten erstellen Forstsachverständige auch Gutachten zur Waldflurbereinigung, zum →**Waldboden**, zu Entschädigungen bei Waldbrand oder Überflutung.

Der Beruf des freiberuflichen Forstsachverständigen mit den heutigen Aufgabengebieten ist erst nach 1945 entstanden. In der Niederschrift zur Gründungsversammlung des Verbands Freiberuflicher Forstsachverständiger e. V. von 1954 heißt es hierzu: »Der freischaffende akademische Forstmann war – wenigstens im Deutschen Reiche – unbekannt.« Die »Zivil-Ingenieure« als selbständige akademische Forstleute, die sich zu einem Berufsverband zusammengeschlossen haben, gab es jedoch im alten Österreich. Die Anregung zur Gründung eines Berufsverbandes in Deutschland kam deshalb auch von zwei Forstleuten, die aus dem Sudetenland stammten.

Forststraße

31 Der Wald braucht zur Bewirtschaftung eine Infrastruktur

Forststraßen, auch Waldwege genannt, ermöglichen uns den Zugang zum Wald. Auf ihnen können wir wandern, joggen, radeln, Sport treiben. Aber eigentlich dienen sie zur Bewirtschaftung des Waldes. Berechtigt zur Benutzung mit Pkw, Lkw und Forstmaschinen sind nur die →**Waldeigentümer**, →**Förster**, →**Forstsachverständige**, →**Jäger**, →**Waldarbeiter**, Forst- und Holzunternehmer.

Eine →**Holzernte** ist erst durch die Walderschließung mit Forststraßen möglich. Weiterhin werden Forststraßen genutzt, um die →**Waldbestände** zu pflegen und zu überwachen. Ohne Infrastruktur kann ein Waldbrand oder eine Massenvermehrung des →**Borkenkäfers** nur schwer rechtzeitig erkannt und bekämpft werden. Und nur auf den Forststraßen ist es Rettungskräften im Ernstfall möglich, schnelle Hilfe bei einem Unfall zu leisten. Nach dem Waldrecht sind Forststraßen ein Teil des Waldes.

Eine Forststraße besteht aus Sand und Kies.

Steter Tropfen höhlt den Waldweg

Forststraßen zu erhalten, erfordert ständigen Kampf gegen das Wasser. Das Wasser weicht den Wegekörper auf und verlagert das Wegebaumaterial. Gebaut wird eine Forststraße mit Sand und Kies. Diese sand-wassergebundenen Schotterwege bekommen ein gewölbtes Profil, damit das Wasser problemlos vom Wegekörper abfließen kann und keine Schäden verursacht. Bergseitig wird immer ein Graben angelegt, in ebenem Gelände sogar beidseitig. Diese Gräben müssen mit Hilfe von Wasserdurchlässen aus Stahlbeton das Wasser in den →**Waldbestand** ableiten.

Forststraßen dienen der Bewirtschaftung des Waldes, aber auch zum Spazierengehen.

Die Wegebaukunst besteht darin, dass Wasser nie auf der Forststraße stehen bleibt. Das Wasser muss den kürzesten Weg von der Fahrbahn in den Graben finden. Ein so gebauter Waldweg hält oft jahrzehntelang. Dafür ist die regelmäßige Wegepflege entscheidend. Bei der Wegepflege wird das zur Seite gefahrene Material wieder auf den Weg gebracht und Vegetation beseitigt. Besonders das gewölbte Wegeprofil, die Gräben und Durchlässe müssen immer funktionstüchtig bleiben. Fahrspuren von schweren Holzerntemaschinen oder Lkw, wo das Wasser stehen bleiben kann, müssen rasch beseitigt werden.

Staatliche Zuschüsse für den Waldwegebau

Allerdings ist der Bau einer Forststraße nicht billig. Die Kosten sind abhängig von verschiedenen Faktoren, wie beispielsweise der Beschaffenheit des Untergrundes, der Lage oder der Transportentfernung des Materials, und variieren stark. Aber davon brauchen sich Waldbesitzer nicht abschrecken lassen, denn es gibt Zuschüsse, meist von über 60 Prozent. Allein in den bayerischen Privat- und Körperschaftswäldern wurden in den letzten 50 Jahren rund 12.000 Kilometer Waldwege gebaut. Dies wurde mit 185 Millionen Euro Steuergeld bezuschusst.

Forstwirtschaft in Deutschland

32

Seit über 300 Jahren gilt das Prinzip der Nachhaltigkeit

Bei Forstwirtschaft denkt man sofort an →**Holz**. Holz ist das Hauptprodukt und die wichtigste Einnahmequelle eines Forstbetriebs. Und tatsächlich sind es gewaltige Mengen an Holz, die jedes Jahr in den Wäldern Deutschlands wachsen und geerntet werden. Im längerfristigen Vergleich ist auch eine Zunahme des Holzeinschlags feststellbar: Während im Durchschnitt der Jahre 2007 bis 2016 jährlich 56 Millionen Kubikmeter geerntet wurden, waren es zehn Jahre zuvor lediglich 48 Millionen Kubikmeter. Gut drei Viertel des Holzeinschlags entfielen auf Nadelholz, also die Baumarten →**Fichte**, →**Tanne**, →**Douglasie**, →**Kiefer** und Lärche.

Trotz der steigenden Holzentnahme ist nach der jüngsten Bundeswaldinventur der Holzvorrat in Deutschlands Wäldern so hoch wie nie zuvor.

Der Forwarder transportiert gefälltes Holz zum Lagerplatz.

Mit 3,7 Milliarden Kubikmetern Gesamtvorrat steht im deutschen Wald mehr Holz als in jedem anderen Land der Europäischen Union. Nach der Schweiz und Österreich liegt Deutschland mit einem Vorrat von 336 Kubikmeter pro Hektar auf Platz drei in Europa.

Zahlreiche kostenlose Nicht-Holz-Produkte

Über 90 Prozent des Umsatzes eines Forstbetriebes werden durch den Verkauf des erzeugten Holzes erwirtschaftet. Jedoch werden auch andere Erzeugnisse des Waldes genutzt. Zu diesen Nicht-Holz-Produkten zählen Wildfleisch, Beeren, Kräuter und Pilze. Die Forstwirtschaft erbringt auch zahlreiche Dienstleistungen und Güter, die von den Nutznießern nicht bezahlt werden müssen. Dies sind insbesondere die →**Kohlenstoffspeicherung**, Sauerstoffproduktion, Schadstoffreinigung, der Tourismus und die Naherholung. Auch die Erbringung von Boden- und Wasserschutzfunktionen und der Erhalt von Biodiversität werden in der Regel nicht vergütet. Zudem bietet die Forstwirtschaft in Deutschland für viele Menschen Arbeit und Einkommen.

Grundsatz der forstlichen Nachhaltigkeit

Nach den Waldzerstörungen während des Mittelalters durch Übernutzungen der Wälder entwickelte sich im 18. Jahrhundert der Grundsatz der forstlichen →**Nachhaltigkeit**. Es soll nur so viel Holz entnommen werden wie nachwächst. Nachfolgenden Generationen sollen mindestens vergleichbar gute, wenn nicht sogar bessere Nutzungsmöglichkeiten überlassen werden. Dennoch bleibt jede holzwirtschaftliche Nutzung ein Eingriff, der dem Wald permanent Biomasse entzieht, die im →**Urwald** als Lebensraum zur Bodenbildung im Wald verbleiben würde.

Erfolgreiche Waldbesitzer und Förster nutzen die Selbstregulation der Wachstumsabläufe im Wald, die sogenannte biologische Automation. In Wäldern mit verschiedenen Baumarten kann der Förster durch geschickte Nutzung von einzelnen Bäumen stabile und ökologisch wertvolle Waldbestände entwickeln, die auf kleiner Fläche von der Naturverjüngung bis zum alten Baumriesen alle Strukturen aufweisen.

Aufgrund der vielen →**Windwürfe** in Reinbeständen aus Fichten ist es das forstliche Ziel, durch eine naturnahe Waldwirtschaft vielfältige, stabile und damit leistungsstarke Wälder aufzubauen. Durch den Erhalt und die Förderung der Buchenwälder, die in Deutschland ihren zentralen Verbreitungsschwerpunkt haben, leisten →**Förster** und Waldbesitzer auch einen wichtigen Beitrag für den dauerhaften Erhalt dieses wichtigen Naturerbes.

Forstzertifizierung

33 Nachhaltig wirtschaften mit Brief und Siegel

→**Nachhaltigkeit** ist ein sehr positiv besetzter Begriff. Unternehmen behaupten daher gerne, sie würden nachhaltig wirtschaften. Die Zertifizierung von nachhaltig bewirtschafteten Wäldern und der Nachweis für →**Holz** aus nachhaltigen Herkunftsquellen sind in den letzten Jahren zu einem wichtigen Thema geworden. Insgesamt werden mehr als 80 Prozent der deutschen Gesamtwaldfläche über die gesetzlichen Vorgaben hinaus nach den Kriterien unabhängiger Zertifikate bewirtschaftet.

Seit Mitte der 1990er-Jahre gibt es für Forstbetriebe professionelle Zertifizierungen. Die bekanntesten sind Forest Stewardship Council (FSC), Programme for Endorsement of Forest Certification Schemes (PEFC) und Naturland. Die Zertifizierung wird als geeignetes Instrument angesehen, um die ökologischen Aspekte der Forstwirtschaft zu stärken und durch Bewirtschaftungsmaßnahmen sicherzustellen. PEFC ist mit einem Anteil von rund 67 Prozent der Waldfläche das in Deutschland am häufigsten genutzte Zertifizierungssystem. Nur 4 Prozent der deutschen Waldfläche sind nach FSC und sogar nur 0,5 Prozent nach Naturland zertifiziert.

Briefkuvert, hergestellt aus Holz von Wäldern mit PEFC-Zertifizierung

Wer überprüft und wie viel kostet es?

Unabhängige Zertifizierer, meist sind dies freiberufliche →**Forstsachverständige**, überprüfen anhand von jährlichen Kontrollen die Einhaltung der Bewirtschaftungsstandards. Diese Gutachter benötigen eine Zulassung bei einer nationalen Akkreditierungsstelle. Sie führen Kontrollen vor Ort nach einem klaren Ablaufplan durch. Anhand von vorzulegenden Dokumenten prüfen sie den Betrieb. Werden keine gravierenden Abweichungen festgestellt, wird das Zertifikat erteilt oder verlängert.

Die Forstverwaltung der Stadt München ist einer der wenigen nach Kriterien von Naturland zertifizierten Betriebe.

Die Kosten einer Zertifizierung hängen von der Betriebsgröße ab. Eine PEFC-Zertifizierung kostet für Betriebe unter 50 Hektar lediglich 5 Euro im Jahr. Größere Betriebe zahlen einen Betrag von 0,16 Euro je Hektar und Jahr. Bei einer FSC-Zertifizierung bewegen sich die Kosten zwischen 0,15 und 0,80 Euro je Jahr und Hektar.

Produktkettennachweis als gutes Marketinginstrument

Die Zertifikate geben dem Verbraucher die Sicherheit, dass das gekennzeichnete Holz- oder Papierprodukt aus Rohstoffen von Wäldern stammt, die nach den Regeln einer ordnungsgemäßen, nachhaltigen Forstwirtschaft bewirtschaftet werden. Der dazu notwendige lückenlose Produktkettennachweis wird über die »Chain of Custody«-Zertifizierung gewährleistet. Eine Zertifizierung ist nur dann ein in sich geschlossenes System, wenn nicht nur die Forstbetriebe, sondern auch die Handels- und Bearbeitungskette bis hin zum Endverbraucher durchgängig nachgewiesen wird. PEFC und FSC bieten nicht nur den Forstbetrieben, sondern auch dem Holzhandel und der Holz verarbeitenden Industrie mit dem Produktkettennachweis ein gutes Marketinginstrument.

Hält ein Unternehmen alle Regeln ein, erhält es das Zertifikat. Dieses berechtigt dann dazu, mit PEFC oder FSC zu werben und die zertifizierten Produkte mit dem Label auszuzeichnen.

Forwarder, der Holzrückezug

34

Er transportiert das Holz aus dem Waldbestand

Wer bringt das im →**Waldbestand** gefällte →**Holz** an die Forststraße? Was früher Pferde, Forstschlepper oder Traktoren machten, erledigt heute der Forwarder, auch Holzrückezug oder Tragrückeschlepper genannt. Er ist geländegängig wie ein Käfer und stark wie eine Waldameise.

Das meist achträdrige Fahrzeug ist mit einer Knicklenkung für gute Geländegängigkeit und Wendigkeit ausgestattet. Die riesigen Niederquerschnitt-Reifen mit rund einem Meter Breite sind Spezialanfertigungen für den Forsteinsatz. Sie können den widrigen Bedingungen im Wald wie spitzen Ästen, scharfen Steinen oder Baumstubben standhalten und die Bodenverdichtung ein bisschen verringern. Zudem lassen sich auf die Reifenpaare →**Bogiebänder** aufziehen, die vom Funktionsprinzip einer Schneekette entsprechen.

Bogiebänder auf den breiten Reifen verringern die Bodenverdichtung.

In alle Richtungen leuchtende Halogenscheinwerfer ermöglichen das Arbeiten auch bei Dunkelheit. Der Forwarder besitzt meistens eine klimatisierte Kabine mit schwingungsgedämpftem Fahrersitz, von dem aus das Fahrzeug gefahren und der Kranarm bedient wird. Der hintere Teil des Fahrzeugs ist mit einem Rungenwagen oder einem Transportkorb für Holz ausgestattet. Manchmal ist der Forwarder mit einem zusätzlichen Polterschild ausgerüstet, um am Holzlagerplatz Stammabschnitte zu bewegen oder Hindernisse auf den Fahrgassen zu beseitigen oder Rückegassenausfahrten auf tiefer liegende →**Forststraßen** abzuschrägen. Für den Einsatz von durch →**Waldarbeiter** geschlagenem Holz sind auch häufig Seilwinden zum Vorliefern an die Rückegasse angebaut.

Problematisch ist das wesentlich höhere Gewicht des Forwarders durch seine Zuladung mit dem schweren Produkt Holz. Ein voll beladener Forwarder verdichtet den Boden deutlich stärker als ein →**Harvester**. Vor allem feinporige →**Waldböden** können durch Befahrung bei nasser Witterung stark geschädigt werden. Die Folgen sind abnehmende Bodendurchlüftung und mechanische Wurzelschädigung. Die Wuchskraft des Waldstandorts ist dann beeinträchtigt, denn durch die Verringerung des Wasserspeichervolumens im Boden geraten die Waldbäume schneller unter Trockenstress.

Forwarder mit Fahrerkabine, Kran und Transportkorb

Fuchs

35

Unser erfolgreichstes Raubtier hat ein schlechtes Image

Schlau sein wie ein Fuchs, heißt es – und das aus gutem Grund: Kein anderes Raubtier hat sich auf der Erde so erfolgreich breit gemacht wie er. Deshalb gilt er als ganz schön »ausgefuchst«. Aber er hat einen sehr schlechten Ruf, weil er Geflügel frisst und als Überträger von Krankheiten und Schädlingen gilt. Das Kinderlied »Fuchs du hast die Gans gestohlen …« besingt seinen starken Hunger nach Geflügel. Allerdings wird der Fuchs manchmal zu Unrecht beschuldigt, denn mindestens ebenso häufig schlagen Steinmarder und Iltis zu.

Nützling oder Schädling?

Dabei ist der Fuchs ein nützliches →**Wildtier**. Als Allesfresser beseitigt er tote Tiere am Straßenrand und hilft dabei, dass sich Krankheiten nicht verbreiten. Deshalb gilt er auch als Gesundheitspolizei des Waldes. Seine bevorzugte Beute sind Mäuse. Er gibt sich jedoch nicht mit

Ein Fuchs kann bis zwei Meter hoch und fünf Meter weit springen.

Mäusen, Insekten und Beeren allein zufrieden, sondern frisst auch Vögel, Fische, Hasen und junge Rehe. Und damit ist er Nahrungskonkurrent für den Menschen und wird als Schädling angesehen. Mit seiner sportlichen Statur kann der Fuchs bis zu 5 Meter weit und 2 Meter hoch springen. In vielen Bundesländern darf der Fuchs fast das ganze Jahr gejagt werden.

Mit seinen hoch aufgestellten Ohren kann der Fuchs eine Maus aus 100 Metern Entfernung hören.

Füchse leben in allen Wäldern Deutschlands. Ein Fuchs baut ein unterirdisches Höhlensystem, den Fuchsbau. Dieser Bau hat mehrere Ein- und Ausgänge sowie einen Wohnraum. Manchmal teilen sich Füchse und Dachse einen Bau. Der Fuchs bewohnt auch Gärten, Parkanlagen und Müllkippen.

Die Sinnesorgane des Fuchses sind perfekt an das Leben und Jagen im Dunkeln angepasst. Er verfügt über hoch aufgestellte Ohren, mit denen er Geräusche ganz genau ortet. Füchse hören eine Maus aus 100 Metern Entfernung. Ihre Augen gleichen denen der Katze. Der buschige Schwanz ist fast halb so lang wie das ganze Tier. Ihre Lebenserwartung gleicht denen von Haushunden.

Mit Fuchsbandwürmern infizierte Füchse

Tollwut war noch in den 1980er-Jahren ein großes Problem und hat die Fuchsbestände deutlich reduziert. Nach einer Impfkampagne durch präparierte Köder wurde die Tollwut immer weiter reduziert und seit 2008 gilt Deutschland als tollwutfrei. Der Fuchs stellt also keine Gefahr mehr für den Menschen dar. Allerdings leben dank der erfolgreichen Tollwutbekämpfung heute mehr Füchse in Deutschland als früher. Dadurch hat der Anteil von mit Fuchsbandwurm infizierten Füchsen deutlich zugenommen. Der Fuchsbandwurm lebt im Darm von Füchsen. Mit dem Kot werden die Bandwurmeier ausgeschieden. Mäuse nehmen die winzigen Kügelchen auf, erkranken und können so leichter vom Fuchs gefangen werden. Wenn ein Mensch diese Eier aufnimmt, kann er theoretisch schwer erkranken. Das Risiko über den Genuss von Waldbeeren an Fuchsbandwürmern zu erkranken, geht jedoch fast gegen null. Die Gefahr über Haustiere, wie Hund und Katze, infiziert zu werden, liegt deutlich höher.

Harvester, der Holzvollernter

Ein Roboter ersetzt den Waldarbeiter

36

Mit dem englischen Begriff Harvester werden Maschinen zur Ernte von →**Holz** bezeichnet. Üblich sind auch die Begriffe Holzvollernter, Waldvollernter oder Kranvollernter. Der Harvester packt den Baum, fällt und entastet ihn, kürzt den Stamm auf die gewünschte Länge und legt ihn für den Abtransport mit dem →**Forwarder** auf den Boden. Werden gleichzeitig noch die Äste zu Hackschnitzeln zerkleinert, spricht man von einem Hackschnitzelharvester. Selbst Bäume mit einem Durchmesser von 70 Zentimetern kann der Harvester fällen.

Seit 30 Jahren immer häufiger

Harvester benötigen ein engmaschiges Netz aus Rückegassen im →**Waldbestand**. Sie sind in Deutschland seit den Orkantiefs »Vivian« und »Wiebke« im Winter 1990 im Einsatz. Ihr Anteil bei der →**Holzernte**

Der Harvester fällt den Baum, entastet ihn und kürzt ihn auf die gewünschte Länge.

nimmt ständig zu. Sie werden vor allem für Nadelholz eingesetzt. Beim Entasten von Laubbäumen ist die Qualität unbefriedigend.

Die Erntemaschinen besitzen einen mindestens 10 Meter langen Kranarm, an dessen Ende der Fällkopf frei beweglich montiert ist. Am Fällkopf befinden sich Vorschubräder, Messeinheit, hydraulisch angetriebene Kettensäge und Entastungsmesser. Manche Maschinen besitzen eine entsprechend der Steigung neigbare Fahrerkabine, die klimatisiert ist. Die Kraft wird hydraulisch übertragen, die Steuerung aller Funktionen erfolgt elektrisch. Die Maschinen sind rundum mit Arbeitsscheinwerfern ausgestattet, die es erlauben, auch nachts zu arbeiten. Harvester sind mit GPS, mobiler Kommunikation und einem Bordcomputer ausgestattet, der die Bildung von →**Holzsorten** unterstützt und das aufgearbeitete Holz digital speichert.

Massive Bodenschäden entstehen durch Harvestereinsatz bei Schnee und Nässe.

Rad- und Bagger-Harvester

Harvester sind auf Rädern, Raupenketten oder sogar auf Beinen im Wald unterwegs. Rad-Harvester besitzen Niederdruckreifen mit um die 70 Zentimeter Breite. Breite Reifen und niedriger Luftdruck verringern die Schäden am →**Waldboden**. Bei Nässe oder Schnee lassen sich zusätzlich Ketten oder →**Bogiebänder** aufziehen. Trotz dieser besonderen Ausstattung kommt es auf weichen Böden zu Bodenverdichtungen und Wurzelschädigungen. Zur Verringerung der Schäden wird in den Rückegassen →**Reisig** abgelegt. Dieses verbleibt im →**Waldbestand**. Der Einsatzschwerpunkt des Bagger-Harvesters mit Raupenketten liegt wegen des geringeren Bodendrucks auf Nassböden oder Steilhängen bis etwa 50 Prozent Gefälle.

Da Vollernter produktiver und kostengünstiger sind als motormanuelles Arbeiten mit →**Waldarbeitern**, nimmt ihr Einsatz in Deutschland ständig zu. Harvester reduzieren das bei der Holzernte mit der Motorsäge sehr hohe Unfallrisiko und leisten einen wichtigen Beitrag zur Verminderung von Berufskrankheiten. Unter Abwägung der Kriterien Arbeitssicherheit, Verdienstmöglichkeiten, Schäden am Boden und an Bäumen ist die Holzernte mit Waldarbeitern in älteren Waldbeständen ohne →**Windwurf** dem Harvestereinsatz vorzuziehen.

Hexenbesen

37

Pilze sind die Hexenmeister

Der Hexenbesen war im Volksglauben das bevorzugte Transportmittel der Hexen, die auf ihm durch die Luft reiten. Dank Harry Potter sind Hexenbesen auch bei unserer Jugend sehr bekannt geworden. Im Wald sind die buschigen Verwachsungen in den Baumkronen auf alle Fälle Hingucker. Sie werden Hexenbesen oder Donnerbüsche genannt.

Die Hexenbesen an →**Birken** verantwortet der Schlauchpilz Taphrina betulina. Dieser →**Pilz** regt die Birke zum ständigen Austrieb und zur Neubildung von schlafenden Knospen an. Dies hat zur Folge, dass es an den Befallsstellen zu einer sogenannten »Zweigsucht« kommt. Der Baum ist

Viele kurze Zweige der Hexenbesen bieten Lebensraum für viele Spinnen und Insekten.

»süchtig« danach, dünne und kurze Zweige zu bilden. Diese Gebilde sehen aus wie Besen aus einem Stecken mit Birkenzweigen.

Die kugelförmigen Büsche in der Baumkrone von Birken bieten vielen Insekten und Spinnen einen Lebensraum. Die Blätter sind meist kleiner und grüngelb. Der Pilz bildet zur Vermehrung Sporen auf der Unterseite der Blätter. Die Überwinterung des Pilzes erfolgt in den Knospen und in der Rinde. Birken mit Hexenbesen zeigen ein vermindertes Höhen- und Dickenwachstum. Sie sind weniger vital und die befallenen Äste können vollständig absterben.

Auch an anderen Laubhölzern, wie der Hainbuche, werden Hexenbesen häufig von Taphrina-Arten verursacht. An Lärchen konnte als Ursache für hexenbesenartigen Wuchs ein Befall durch Bakterien nachgewiesen werden. Auch Viren können an einigen Baumarten wie →**Esche** und Robinie die Verursacher sein. Die in →**Tannen** vorkommenden Hexenbesen verursacht ein Rostpilz mit Zwischenwirten aus der Familie der Nelkengewächse.

Ein Schlauchpilz verursacht die Hexenbesen an Birken.

Hirsch

38

Der König des Waldes ist ein Baumschädling

Wer einen Hirsch, auch Rothirsch oder Edelhirsch genannt, einmal zu sehen bekommt, ist aufgrund der enormen Körpergröße und des Geweihs schwer beeindruckt. Diese als Jagdtrophäe begehrten Geweihknochen entwickeln nur die männlichen Tiere. Da der Rothirsch oder allgemein das Rotwild zu den gerne bejagten Tierarten gehört, hat sich eine umfangreiche Fachsprache der →**Jäger** gebildet. Das weibliche Tier wird als »Hirschkuh« bezeichnet. Da sie hinter den Ohren kein Geweih haben, nennt man die Damen des Rotwilds »Kahlwild«.

Jährlich ein neues Geweih

Beim Rotwild trägt nur das Männchen, der Hirsch, ein Geweih. Beim Rentier besitzen beide Geschlechter ein Geweih. Hirsche werden nach der Endenzahl ihrer Geweihstangen unterschieden. Ein »Zwölfender« ist ein Hirsch, bei dem mindestens eine Geweihstange sechs Enden aufweist. Die Geweihstangen sitzen dabei auf Stirnzapfen, den sogenannten »Rosenstöcken«. Jährlich baut der Hirsch auf diesen Rosenstöcken ein neues Geweih auf, nachdem er im Februar die Stangen des Vorjahres ganz verschwenderisch abgeworfen hat. Diese Geweihstangen kann man ab und zu auf dem Boden liegend finden. Sie gehören dem →**Jäger**.

Das Geweih des Hirsches ist während seiner Wachstumsphase mit einer behaarten Haut, dem →**Bast**, überzogen. Dieser hat im Gegensatz zur Körperhaut keine Schweißdrüsen. Anfangs ist dieser Bast ebenso wie das noch wachsende Geweih von Blutgefäßen durchzogen. Mit fortschreitendem Wachstum verknöchert das Geweih. Bei ausgewachsenen Hirschen ist das Wachstum des Geweihs im Juli abgeschlossen, und sie beginnen, durch Fegen des Geweihs an Zweigen, Sträuchern und jungen Bäumen die Basthaut abzustreifen.

Das Fell des Rotwilds wird als »Decke« bezeichnet und in Sommer- und Winterdecke unterschieden. »Lichter« heißen die Augen, die Ohren werden »Lauscher« genannt und die Nase »Windfang«. Während der Paarungszeit, der Hirschbrunft, ist das beeindruckende Röhren der Hirsche zu hören.

Rotwild ernährt sich hauptsächlich von Gräsern, Kräutern, Blättern und Ästen. Täglich fressen diese Vegetarier davon mehr als 10 Kilogramm. Das Wildpret des Hirsches ist feinfaserig, relativ fettarm und weist einen hohen

Der Hirsch und sein Kahlwild

Gehalt an Eiweiß, Zink, Selen und Vitamin B auf. Da das Fleisch einen starken Eigengeschmack hat, eignen sich zum Würzen Lorbeerblätter, Nelken, Wacholderbeeren, Thymian und Rosmarin.

Dank Winterfütterung bleibt das Rotwild im Bergwald

Das Rotwild würde gerne ausgedehnte Wanderungen unternehmen. In Deutschland dürfen Hirsche jedoch nur in amtlich ausgewiesenen Rotwildgebieten vorkommen. Die einstigen Wintereinstände des Rotwildes in den Tallagen sind mittlerweile durch Siedlungen und Straßen verbaut und dadurch nicht mehr als Lebensraum geeignet. Die Winterfütterung im →**Bergwald** ist eine Hilfe, um das Rotwild vom Wandern abzuhalten und dadurch Kollisionen mit Fahrzeugen zu verhindern.

Im Wald versteckt reißt das Rotwild die Rinde herunter, was zu starken Schäden im Holz führt. Die beschädigten Bereiche stellen Eintrittspforten für holzzerstörende →**Pilze** dar. Besonders anfällig gegenüber Pilzen ist die Fichte. Bei ihr entsteht die →**Rotfäule**. Das Holz fault und die Anfälligkeit gegenüber Schneebruch erhöht sich. Der wirtschaftliche Schaden liegt insbesondere in der Entwertung des Holzes am untersten Stammbereich.

Hirschkäfer

39

Das Geweih ist der Oberkiefer

Unser größter Käfer in Deutschland ist mittlerweile sehr selten geworden. Dennoch ist er gut bekannt wegen seines 3 Zentimeter langen Oberkiefers: das »Geweih« des Hirschkäfers. Nur bei Rivalenkämpfen und zum Festhalten der Weibchen während der Paarung wird es gebraucht. Mit einer Körperlänge von bis zu 8 Zentimetern sind die Männchen doppelt so groß wie die Weibchen. Hirschkäfer leben in alten Eichen- und Buchenwäldern. Entscheidend ist ein hoher Anteil an Totholz und absterbenden alten Bäumen.

Die Paarungszeit der Hirschkäfer findet zwischen Mai und August statt. In dieser Zeit sind die Zweikämpfe der Männchen zu beobachten. Bei diesen Auseinandersetzungen geht es darum, den Stärkeren zu ermitteln, der dann Zugang zu Futterquellen und Weibchen bekommt. Die beiden Riva-

Männchen beim Revierkampf: Wer ist der Stärkere?

Der Oberkiefer ähnelt einem Hirschgeweih

len versuchen sich zu packen und durch heftige Kopfbewegungen vom Baum zu werfen. Bevor es zu Verletzungen oder zum Tod kommt, gibt der Schwächere auf. Nach der Paarung legt das Weibchen rund 20 Eier in den Boden an die Wurzeln von toten oder schwächelnden Bäumen. Da totes Holz sehr nährstoffarm ist, dauert es bis zu 7 Jahre, bis der fertige Käfer schlüpft. In dieser Zeit lebt die Käferlarve im Totholz, vor allem von →**Eichen**, seltener auch von anderen Laubbäumen wie →**Buchen**, →**Linden** oder Weiden. In dieser Zeit kann sie bis zu 10 Zentimeter lang werden. Die Verpuppung findet im Boden statt. Das Schlüpfen der Hirschkäfer fällt in den Herbst, sie verbleiben aber bis zum darauffolgenden Frühling im Boden vergraben.

Wegen der Umwandlung ihrer Mundwerkzeuge in ein »Geweih« können die Männchen nur Pflanzensäfte lecken. Da ist es gut, dass wenigstens die Weibchen noch kräftig zubeißen können. Sie schaffen es, Wunden an Baumstämmen zu vergrößern und so den Saftfluss zu verstärken. So helfen sie den Männchen zusätzlich an Nahrung zu gelangen. Der austretende Saft wird oft von Bakterien besiedelt, die den Zucker zu Alkohol vergären. Dann können durchaus betrunkene Hirschkäfer vom Baum fallen.

Holz

40

Universeller Bau- und Rohstoff

Holz ist einer der stabilsten Stoffe im Pflanzenreich. Es besteht aus röhrenförmigen Zellulosezellen, die durch den Holzstoff Lignin miteinander verklebt sind. Lignin ist in der Zellwand eingelagert und dient der Festigung. Zellulose verleiht dem Holz Flexibilität, Lignin die Festigkeit. Bauen →**Pilze** das Lignin ab, spricht man von Weißfäule. Kennzeichen ist die weiße Färbung des befallenen Holzes, das Holz zerfasert und die Stabilität geht verloren. Weißfäule existiert erst seit rund 300 Millionen Jahren. Vorher wurde Lignin in Form von Steinkohle abgelagert. Braunfäule ist dagegen der Abbau der Zellulose durch Pilze. Bei Braunfäule färbt sich das befallene Holz braun, weil das braune Lignin überwiegend erhalten bleibt.

Der nachwachsende Rohstoff Holz findet vielfältige Verwendung.

Kern- und Splintholz

Zersägt man einen Baumstamm quer, lassen sich mehrere Schichten erkennen: Von innen nach außen sind dies Kernholz, Splintholz, →**Kambium**, →**Bast** und →**Borke**. Das harte Kernholz besteht aus abgestorbenen Holzzellen. Harze und Gerbstoffe sind darin eingelagert und sorgen für Stabilität und Widerstandsfähigkeit. Ist der Kernbereich deutlich durch eine dunkle Färbung zu erkennen, spricht man von »Kernholzbäumen«. Hierzu gehören →**Eiche**, →**Douglasie**, →**Kiefer** und Lärche. Ist kein Farbunterschied zu erkennen, aber der Feuchtigkeitsgehalt verringert, spricht man von »Reifholzbäumen«; Beispiele sind →**Fichte**, →**Linde** und →**Tanne**.

Das Splintholz bilden lebende Holzzellen, die nährstoffhaltiges Wasser in die Baumkrone befördern. Für neue Holzzellen sorgt die Zuwachsschicht, das →**Kambium**. Nach innen produziert es die Holzzellen, nach außen den →**Bast**. Dieser transportiert die in den Blättern gebildeten Stoffe, wie Stärke und Zucker, nach unten. Im Frühling bildet das Kambium große, neue Holzzellen. Im Spätherbst stellt es dann das Zellwachstum ein. Die Holzzellen, die im Frühling entstehen, sind größer als die vom Sommer des Vorjahres. Dank dieser typischen Jahresringe kann das Alter eines Baumes genau abgezählt werden.

Holzverbrennung ist fast kohlendioxidneutral

Im Holz ist viel →**Kohlenstoff** gespeichert. Bei der Verbrennung von Holz wird dieser als Kohlendioxid wieder freigesetzt. Dieses emittierte Gas nehmen wachsende Bäume wieder auf. Wird Holz nach der Ernte nicht gleich verbrannt, sondern als Werkzeug oder Möbelstück verwendet, bleibt der Kohlenstoff über einen langen Zeitraum gebunden.

Möbel sind die bekanntesten Alltagsgegenstände, die aus Holz hergestellt werden. Ganze Häuser können aus dem Werkstoff gebaut werden. Selbst Brücken und riesige Hallen aus Holz existieren. Aus dem Holz von Nadelbäumen werden Balken, Bretter und Schalhölzer hergestellt. Holzfasern dienen auch als Grundrohstoff und für verschiedene Papierprodukte. Laubholz findet im Bau von Treppen Möbeln Verwendung. Auch Spielzeuge, Turngeräte, Werkzeugstiele, Küchengeräte und Parkettböden können aus Holz sein.

Holz verursacht bei der Verarbeitung kaum Abfall. Denn die Nebenprodukte wie Sägespäne, Sägemehl und Hackschnitzel können für die Herstellung von Papier, Span- und Faserplatten oder zum Heizen verwendet werden. Hat ein Holzprodukt irgendwann ausgedient, lässt es sich wieder in Energie umwandeln und der Kohlenstoff wird wieder freigesetzt.

Holzernte

41

Notwendig, aber brutal aussehend

→**Holz** zu ernten, ist die Frucht jahrzehntelanger Planung und Pflege. Sie beginnt mit dem Fällen des Baumes im Waldbestand und endet mit dem Transport zum Holzlagerplatz an der →**Forststraße**. Klassischerweise erledigt die Holzfällung der →**Waldarbeiter**, der Holzfäller. Zuerst wird der Baumstamm vom Wurzelstock getrennt. Standardtechnik des Fällens ist eine Kombination aus Fallkerb und Fällschnitt. Früher erfolgte das von Hand mit Zugsäge, Axt und Keil, später mit der Motorsäge und seit rund 30 Jahren zunehmend mit dem →**Harvester**. Hat der Waldarbeiter einen Baum gefällt, erkennt man dies an der Stufe am Stumpf. Die untere Stufe zeigt dorthin, wohin der Stamm gefällt wurde.

Liegt der Baum gefällt auf dem Boden, wird er für den Transport vorbereitet. Dazu sind die Entastung und Entwipfelung des gefällten Baumes sowie die Aufteilung des Stammes in →**Holzsortimente** notwendig. Nadelholz wurde früher manuell am Fällort entrindet. Heutzutage erfolgt die Entrindung fast nur noch maschinell, entweder nach der Holzbringung am Holzlagerplatz oder im Werk.

Zur Holzernte gehört auch die Dokumentation von Güteklasse, Durchmesser und Länge des gefällten Baumes in einem elektronischen Speichermedium oder auf Papier, die sogenannte »Holzaufnahme«. Dies kann im Zuge der Aufarbeitung erfolgen oder als separater Arbeitsgang nach der Rückung am Holzlagerplatz. Jeder Baum, der aufgenommen wurde, erhält einen Punkt an der Stirnseite.

Schäden an Boden und Bestand

Nach einer Holzernte sieht ein Waldbestand meist traurig, teilweise brutal geschädigt aus. Statt Bäumen sieht man nackte Baumstubben, liegen gebliebene Äste und Wipfel. Durch die Holzrückung ist der Waldboden zerdrückt, teilweise über Jahre verdichtet. Einige der noch stehenden Waldbäume haben Verletzungen an Holz und Rinde erlitten, manche Wurzel ist beschädigt oder abgerissen, die →**Mykorrhiza** zerquetscht. Dies ist der ökologische Preis für die von uns nutzbaren Produkte aus Holz.

Holzeinschlag und Holztransport, das sogenannte →**Rücken**, werden aus Gründen der Gefahrvermeidung und der Optimierung des Arbeitsablaufes in der Regel zeitlich getrennt durchgeführt. Das Holzrücken erledigen →**Forwarder** oder Forstschlepper. Ein Forstschlepper ist ein für den forstwirtschaftlichen Einsatz ausgerüsteter landwirtschaftlicher Traktor. Bis zum Aufkommen von hydraulischen Kränen wurden Brennholz, Papierholz oder Stangen per Hand aus dem Wald getragen oder gezogen. Ähnlich antiquiert ist das Rücken mit Pferden. Heutzutage wird dies nur noch in seltenen, besonders sensiblen Fällen oder auch aus Liebhaberei durchgeführt.

Holztransport mit Seilkran oder Hubschrauber

In steilen Hanglagen oder unzugänglichen Gegenden kann man Holz auch mit einer temporären Seilbahn zum Lagerplatz transportieren. Eine Alternative zu Seilkrananlagen ist der Einsatz eines Helikopters. Die Hubschrauberbringung, auch Heli-Logging genannt, benötigt keine Erschließungsstraßen und keine Schneisen für Seilkrananlagen. Der Einsatz kann punktuell erfolgen und die Leistung von 500 Festmetern täglich übersteigt jene einer Seilkrananlage um ein Vielfaches. Die Belastung der Umwelt und die hohen Kosten müssen gegen diese Vorteile abgewogen werden. Die enorme Lärmentwicklung in unberührten Waldgegenden und der hohe Kerosinverbrauch sprechen gegen den Holztransport mit dem Helikopter.

Verfärbtes Buchenholz, das schon längere Zeit am Lagerplatz liegt.

Holzsortimente

42

Was man aus Holz alles machen kann

Wer sich einen Tisch kauft, möchte diesen ohne Löcher von toten Ästen erwerben, und wer sich ein Haus baut, möchte Dachbalken, die das Dach tragen und nicht von Fäule befallen sind. Aber an den Bäumen im Wald gibt es naturgemäß tote Äste und faule Stellen. Diesem Auseinanderfallen zwischen Anspruch und Wirklichkeit versucht die Rahmenvereinbarung für den Rohholzhandel in Deutschland durch Festlegung bestimmter Qualitätsstandards gerecht zu werden. Rundholz ist das Zielprodukt der deutschen Forstwirtschaft. Damit ist das gefällte, entwipfelte und entastete →**Holz** gemeint, das am Holzlagerplatz liegt und in der Regel noch weiter verarbeitet wird. In der Säge- und Furnierindustrie werden die Rundholzstämme zu Schnittholz oder Furnier verarbeitet.

Sortierung in Qualitätsklassen

Ein Stamm mit vielen Ästen oder Faulstellen ist deutlich weniger wert als ein fehlerloses Rundholz. Daher wird Holz aus dem Wald in Qualitätsklassen sortiert. Diese Sortierung wird bundesweit bei Laub- und Nadelstammholz angewendet. Als Qualitätsklasse B gilt das Holz mit normaler Qualität; es hat wenige gesunde Äste und der Stamm nur eine geringe Krümmung. Holz der Klasse A ist von bester Qualität und geht in die Furnierindustrie. Holz mit zahlreichen Fehlern, also starkastig, teilweise mit Fäule, das jedoch noch als Bauholz verwendbar ist, wird als Klasse C sortiert. Wird ein Stamm als D-Qualität eingestuft, ist er zumindest noch teilweise im Sägewerk nutzbar.

Stammholz, Industrieholz oder Energieholz

Neben dem Qualitätskriterium werden Rundholzsortimente eingeteilt nach Holzart, Dimension und Verwendungszweck. Man unterscheidet in Stammholz, Industrieholz, Energieholz.

Aus dem Stammholz, auch Säge-Rundholz bezeichnet, erzeugen Sägewerke Schnittholz, beispielsweise also Bauholz, Balken und Bretter. Bei Rundholz unterscheidet man wiederum in Langholz und Kurzholz. Langholz nennt man Stämme, die über 6 Meter lang sind und aus dem Waldbestand auf Holzlagerplätze gerückt werden. Der Abtransport erfolgt in der Regel durch Langholztransporter mit Ladekran. Von Kurzholz spricht man dagegen, wenn Rundholz in Einheitslängen, auch als »Fixlängen« bezeichnet, bis maximal 6 Meter abgesägt ist.

Bei Industrieholz wird von Kurzholz gesprochen, wenn es bis 3 Meter lang ist. Industrieholz wird als Papier- oder Schleifholz für den chemischen oder mechanischen Holzaufschluss verwendet. Dieses meist dünnere Holz geht in die Zellstoff- oder Holzwerkstoff-Industrie. Zur Erzeugung von Wärme wird Energieholz bereitgestellt.

Daneben gibt es diverse Randsortimente, wie beispielsweise Furnierholz, Zaunholz, Stangenholz, Mastenholz, Schwellenholz oder Grubenholz, deren Mengenanfall jedoch insgesamt von untergeordneter Bedeutung ist.

Diese Einteilungen der Rundholzsortimente beachten der →**Waldarbeiter** und der →**Harvesterfahrer** bereits bei der →**Holzernte**. In Abhängigkeit von der Baumart werden bereits nach dem Entasten und Abzopfen verschiedene Dimensionen, Qualitätsklassen und Sortimente ausgeschieden. Bei wertvolleren Baumarten steht auf der dicken Seite eines Stammholzes die Länge in Meter, der Mittendurchmesser in Zentimeter und die Qualitätsklasse.

Fichten-Rundholz wurde zu Balken, Leisten und Brettern geschnitten.

Holzvorrat

43 Massig Holz im deutschen Wald

Der Holzvorrat in deutschen Wäldern hat mittlerweile eine Höhe erreicht wie seit Jahrhunderten nicht mehr. Rund 90 Milliarden Bäume machen einen Gesamtvorrat von 3,7 Milliarden →**Festmetern** aus, damit steht bei uns mehr →**Holz** als in jedem anderen Land der Europäischen Union. Durchschnittlich sind es in Deutschland 336 Festmeter Holz je Hektar Waldfläche. In Europa stehen nur in den Wäldern der Schweiz und Österreichs noch ein bisschen mehr Holzmasse auf einem Hektar. Spitzenreiter in Deutschland ist Bayern mit 403 Festmetern, gefolgt von Baden-Württemberg mit 365 Festmetern je Hektar. Sachsen-Anhalt ist das Schlusslicht mit 237 Festmetern.

336 Festmeter Holz stehen durchschnittlich auf einem Hektar Wald.

Die häufigsten Baumarten in Deutschland sind mit 26 Prozent die →**Fichte**, gefolgt von der →**Kiefer** mit 23 Prozent, der →**Buche** mit 16 Prozent und der →**Eiche** mit 9 Prozent. Wegen der Düngewirkungen von Stickstoff und der zunehmend längeren Vegetationszeiten hat sich trotz steigender Holznutzungen der Holzvorrat im deutschen Wald in den letzten Jahren ständig erhöht. In den Jahren 2002 bis 2012 wurden jährlich durchschnittlich 76 Millionen Kubikmeter Holz geerntet, also rund 2 Prozent des Holzvorrats.

Von der forstwirtschaftlich wichtigsten Baumart für die Holzwirtschaft, der Fichte, wurde mehr Holz genutzt als nachgewachsen ist. Ihr Holzvorrat hat in diesem Zeitraum um 4 Prozent abgenommen. Dies ist das Ergebnis der forstpolitischen Zielsetzung, Fichtenreinbestände in Mischbestände umzuwandeln. In Zukunft wird Fichtenholz immer weniger und das Holz der Laubbäume immer mehr werden. Dies ist politisch gewollt und ökologisch sinnvoll.

Viel Holzvorrat steht im Fichtenreinbestand.

Hutewald

44

Lichte Wälder mit Weidevieh

An alten Buchen oder Eichen sieht man ab und zu dicke Äste, die fast bis zum Boden reichen. Dies deutet auf eine ehemals andere Bewirtschaftung als Viehweide hin. Ein Hutewald oder eine Hutung ist ein als Viehweide genutzter Wald, wo das Vieh gehütet wird. Anstatt den Wald zu roden, um Weiden anzulegen, wird bei dieser als Waldweide bezeichneten Art der Nutzung das Nutzvieh einfach in den Wald getrieben, um dort Futter zu suchen. Durch die Beweidung mit Schweinen, Ziegen, Rindern, Schafen oder Pferden entstanden im Laufe der Zeit lichte bis offene, parkartige Wälder. Der Hutewald ist also keine Naturlandschaft, sondern eine Landschaft früherer menschlicher Kultur. Weideten die Haustiere im Wald, waren sie weit genug entfernt von den Gemüsegärten der Dorfbewohner.

Lichte bis offene Wälder entstehen durch Beweidung

Entscheidend für die Entstehung eines Hutewaldes ist der Viehbesatz. Man geht heute von mindestens 16 Großvieheinheiten pro Quadratkilometer aus, das entspricht 16 ausgewachsenen Rindern oder rund

Unter alten Eichen weiden Rinder und halten den Wald offen.

100 Schweinen. Wird ein Laubwald in dieser Größenordnung während der Vegetationsperiode dauerhaft in extensiver Form beweidet, entstehen lichte Wälder. Schweinemast im Wald lieferte für die Ernährung wichtige tierische Fette und wertvollen Schinken.

In Mitteleuropa nahm die Waldweide mit der industriellen Revolution und der zunehmenden Stallhaltung des Viehs ab. Die meisten Hutewälder wurden seitdem in Wirtschaftsforste umgewandelt.

In den Hutewäldern ernährte sich das Vieh von allem, was es im Wald zu fressen gab: den Pflanzen der Krautschicht, den nachwachsenden Bäumen und Sträuchern sowie den Waldfrüchten, vor allem Eicheln und Bucheckern, aber auch von Wildobst und Pilzen. Die Krautflora wurde zurückgedrängt und die Artenzusammensetzung änderte sich in Richtung lichtliebender Vegetation. Durch die mit der Beweidung verbundene Zerstörung der jungen Bäume entstanden vor allem über das Mittelalter lichte Wälder mit wenig Unterwuchs und nur wenigen großkronigen, alten Bäumen. Neben der Schädigung der Vegetation führte die Waldweide auch zu Konflikten mit den →**Wildtieren** des Waldes und den →**Jägern**. Denn das Weidevieh fraß den Wildtieren einen Teil der Nahrung weg und raubte ihm teilweise seinen Lebensraum. Andererseits fiel ein Teil des gehüteten Nutzviehs den Raubtieren zum Opfer.

Es braucht mindestens 16 Rinder auf einem Quadratkilometer, um einen lichten Hutewald zu schaffen.

Heute sind Hutewälder eine große Seltenheit

Die wenigen heute noch erhaltenen Hutewälder Mitteleuropas stehen wegen ihrer großen Bedeutung für eine Vielzahl gefährdeter Arten meist unter →**Naturschutz**. Besonders wichtig sind sie für Organismen, die großvolumige, alte Bäume mit einem hohen Totholzanteil benötigen. Typisch sind →**xylobionte** Käfer wie der →**Hirschkäfer**, der Veilchenblaue Wurzelhals-Schnellkäfer und der Eremit, aber auch seltene Vogelarten aus der Gruppe der →**Spechte** oder Eulen.

Nach der →**Megaherbivorenhypothese** sollen weite Teile der Wälder Europas nach der letzten Eiszeit Hutewäldern geglichen haben.

Jäger

45

Waidmannsheil

Hochsitze und Jagdkanzeln können wir bei jedem Waldbesuch in großer Zahl entdecken. Jägerinnen und Jäger beobachten auf ihnen meist in der Morgen- und Abenddämmerung →**Wildtiere** und schießen, was das Jagdgesetz erlaubt. Fast 385.000 Personen hatten 2018 in Deutschland eine Lizenz zum Jagen, den Jagdschein. Jäger erfüllen im Wald die wichtige Aufgabe, den Grundsatz →**Wald vor Wild** durch gezielten Abschuss in die Tat umzusetzen.

Die Jagd gehört zu den ursprünglichsten Tätigkeiten in der Menschheitsgeschichte. Bis vor rund 12.000 Jahren lebte die gesamte Menschheit als Jäger und Sammler. Jäger sein war von zentraler Bedeutung und steckt uns allen in den Genen. Für die Jagd wurden Waffen als erste menschliche Werkzeuge entwickelt. Gemeinsames Jagen förderte die sozialen und kommunikativen Fähigkeiten und bildete eine der Grundlagen der menschlichen Kultur. Jagen lieferte Fleisch und wertvolle tierische Nebenprodukte wie Knochen, Felle und Sehnen.

Füttern in Notzeiten ist ein wichtiger Bestandteil der Hege.

Jeder, der wollte, durfte jagen

Mit der zunehmenden Sesshaftwerdung des Menschen und dem Beginn von Ackerbau und Viehzucht trat die Jagd als Ernährungsquelle bei weiten Teilen der Bevölkerung zunehmend in den Hintergrund. Jagen erhielt aber einen zusätzlichen Zweck: Der Mensch musste zum Schutz seiner Haustiere die Raubtiere erlegen und das kultivierte Land vor Wildschäden bewahren. Jeder, der wollte, durfte alle Wildtierarten jagen.

Erst im Mittelalter wurde die Jagd zum Privileg des Königs und des Adels. Es entwickelte sich die Unterscheidung in »Hohe Jagd«, die dem Adel vorbehaltene Jagd auf das Hochwild, also auf →**Hirsch**, →**Wildschwein**, Adler oder Auerhahn, und »Niedere Jagd« für freie Bauern. Diese durften nur noch kleinere Tiere wie Hasen, Vögel und →**Rehe** bejagen. Ursprünglich gehörte das Rehwild auch zum Hochwild. Da die Adeligen nicht hinterherkamen und der Rehbestand sich zur Plage entwickelte, wurden die Rehe zum Niederwild erklärt.

Das Jagdprivileg des Adels endet

Mit der deutschen Revolution von 1848 wurde das Recht auf Jagd an das Eigentum von Grund und Boden geknüpft. Jeder Grundeigentümer durfte nun auf seinem Besitz jede Wildart jagen. Die Bauern schossen, was ging, um den Wildschaden auf ihren Äckern und Wäldern zu begrenzen. Die Bestände von Reh- und Rotwild wurden in gemeindenahen Gebieten stark dezimiert. Die positive Wirkung dieser Reduktion auf die Waldverjüngung lässt sich an vielen aus dieser Zeit stammenden Laubmischwäldern und Weißtannen teilweise noch heute sehen. Die Gefahr einer großflächigen Ausrottung der →**Wildtiere** bestand angesichts beschränkter Transportmöglichkeiten und wenig erschlossener Waldgebiete nicht.

Dieses Jagdrecht jedes Grundeigentümers wurde jedoch zwei Jahre später wieder eingeschränkt. Der Grundeigentümer darf seitdem nur dann jagen, wenn sein Grundbesitz mindestens 75 Hektar groß ist. Eigentümer kleinerer Flächen mussten sich in Jagdgenossenschaften zusammenschließen und das Jagdausübungsrecht an einen Jäger verpachten oder gemeinsam ausüben. In vielen Orten gründeten sich daraufhin Jagdvereine, um gemeinschaftlich die Jagd auszuüben.

Die Trophäenjagd wurde erst durch den Reichsjägermeister Hermann Göring eingeführt. Das Reichsjagdgesetz von 1934 verpflichtete zur Hege des Wildes; feste Jagd- und Schonzeiten und eine Jägerprüfung wurden Pflicht. Nach dem Zweiten Weltkrieg wurden viele Bestimmungen des Reichsjagdgesetzes in das Bundesjagdgesetz übernommen. Die Hege sowie Trophäenjagd blieb weiterhin Bestandteil im Jagdrecht.

Jedes Jahr erlegen Jäger über 1 Million →**Rehe** und fast 1 Million →**Wildschweine** in Deutschland.

Von der Jagdkanzel hat der Jäger ein gutes Blickfeld auf Wildtiere.

Kambium

46 Zartwandige Zellen zur Produktion von viel Holz und wenig Rinde

Bäume können hoch und dick werden. Für das Dickenwachstum ist das Kambium verantwortlich. Es bildet während der meisten Zeit des Jahres große Mengen von Holzzellen zur Stammmitte, aber relativ wenig Rindenzellen nach außen. Deshalb besteht ein Baum aus viel mehr →**Holz** als aus Rinde. Mit bloßem Auge ist die dünne Kambiumsschicht kaum zu erkennen, da sie aus zartwandigen Zellen besteht. Am Kambium liegt es auch, dass sich die Rinde so leicht vom Holz lösen lässt.

Die Zellen von Holz und Rinde haben völlig verschiedene Aufgaben. Die Rinde leitet Wasser und Nährstoffe. Das Holz dient dem Baum zur Wasserleitung, Stoffspeicherung und Festigung. Der größte Teil des Holzkörpers besteht aus toten Zellen. Deshalb kann man hohle Bäume mit Zement ausfüllen, solange die Leitungsbahnen in der Nähe der Rinde noch funktionieren.

Das Kambium wächst als dünne Schicht zwischen Holz und Rinde.

Frühholz – Spätholz

Das Kambium ist in unseren Breiten, wo sich das Klima mit den Jahreszeiten ändert, nicht das ganze Jahr über aktiv. Die Zellteilung endet im Herbst und startet wieder im Frühling. Die in den Frühlingsmonaten gebildeten Zellen sind verhältnismäßig dünnwandig und weiträumig (Frühholz). Die wachsenden Pflanzenteile benötigen zu dieser Jahreszeit viel Wasser, das durch die neuen Zellen geleitet wird. Im Sommer und Herbst produziert das Kambium dickwandige und engere Zellen (Spätholz), die dem Holz größere Festigkeit verleihen. Die unterschiedliche Zellgestalt führt bei allen heimischen Baumarten zu einer scharfen Grenze zwischen altem Spätholz und neuem Frühholz. Mit bloßem Auge ist der Jahreszuwachs deutlich im Querschnitt des Stammes an den Jahresringen zu sehen. Dank dieser eindeutigen Grenzziehung kann das Alter eines Baumes exakt ausgezählt werden.

Ausschnitt eines Eichenquerschnitts: Borke, Bast, Kambium, Splintholz

Höhenwachstum an der Pflanzenspitze

Das Höhenwachstum von Bäumen funktioniert ganz anders als das Dickenwachstum. Es ist auf einen kleinen Bereich an der Pflanzenspitze beschränkt. Wenn wir am Stamm eine Markierung anbringen, so bleibt sie immer auf gleicher Höhe. Der in die Buchenrinde geritzte Name oder das Liebesherz finden wir auch noch nach Jahrzehnten auf gleicher Höhe. Sie sind jedoch durch das Dickenwachstum in die Breite gegangen. An der Pflanzenspitze befindet sich ein Gewebe, das ständig neue Zellen produziert. Im gleichen Ausmaß, wie sich die Pflanze verlängert, streckt sich dieses Gewebe in die Höhe. Nur wenig unterhalb der Spitze werden die Zellen bereits für ihre endgültige Funktion umgestaltet, beispielsweise für die Stoffleitung oder als Zellen zur Festigung des Sprosses. Gesteuert wird dies durch Pflanzenhormone, die im Frühjahr in den Blattknospen der Zweigspitzen gebildet werden.

Kiefer

47

Die Nadeln stechen und die Rinde ist orange

Unsere heimische Kiefer, die Waldkiefer, auch Föhre genannt, kommt wie die Fichte aus der Kälte. Waldkiefern werden bis zu 40 Meter hoch und 1.000 Jahre alt. Die Nadelpaare sitzen drei bis vier Jahre am Zweig. Ältere Kiefern bilden im unteren Stammbereich eine tiefrissige grobe Schuppenborke. Im oberen Stammbereich ist sie an der orangen, dünnen, sogenannten »Spiegelrinde« schon von Weitem zu erkennen. Oft lösen sich von der Spiegelrinde glänzende Platten, die pergamentartig dünn sind. Der Name bezieht sich auf den Spiegelglanz dieser Rindenschuppen. Kleiber verwenden Spiegelrindenstücke mit Vorliebe für den Nestbau. Eine Kleiberhöhle kann durchaus aus mehreren tausend Rindenstücken gebaut sein. Alles schafft das Männchen herbei. Der Papa wirft die Stücke durchs Flugloch und das Weibchen gestaltet den Innenausbau.

Waldkiefern können bis 40 Meter hoch werden.

Der Anteil der Kiefer an der Waldfläche Deutschlands beträgt rund 24 Prozent. Damit ist sie die zweithäufigste Baumart nach der →**Fichte**. Nach dem Ende der letzten Eiszeit besiedelten Kiefern und →**Birken** große Flächen Mitteleuropas. Als Pionierpflanze fand die Kiefer in der offenen Landschaft mit Rohböden ideale Lebensbedingungen. Die Erfolgsgeschichte der Waldkiefer liegt auch an ihrer Fähigkeit, mit vielen Pilzarten eine →**Mykorrhiza** zu bilden. Da die Kiefer jedoch eine typische Lichtbaumart ist, konnte sie mit der konkurrenzstärkeren →**Buche** nicht mithalten und wurde weitgehend auf nährstoffarme, sehr trockene oder moorige Standorte zurückgedrängt. Sie verträgt zwar gut Trockenheit, aber keine Hitze.

Erster Kunstforst aus Kiefernsaat

Im Mittelalter begann man, die Kiefer großflächig künstlich einzubringen. Der Nürnberger Reichswald wurde als erster Kunstforst bereits im 14. Jahrhundert durch Kiefernsaaten geschaffen. Die meisten der heutigen Kiefernwaldflächen entsprechen nicht den natürlichen Waldgesellschaften, sondern sind aus Saat oder Pflanzung hervorgegangen.

Das Splintholz hat eine gelbliche, das Kernholz eine rötlichbraune Färbung. Es ist ein gefragtes Konstruktionsholz für Fenster, Türen, Dielen und Möbelbau. Kiefernholz ist dauerhaft, aber relativ weich. Seit einigen Jahren nimmt auch das Interesse an industrieller Nutzung für die Zellstoff-, Spanplattenindustrie sowie Energieholzwirtschaft stetig zu.

Die Licht liebende Waldkiefer verträgt gut längere Trockenzeiten, aber kaum Hitze.

Eine besondere Bedeutung erlangte die Kiefer bei der Gewinnung von Baumharz. Bis zur Wende wurde in Ostdeutschland in großem Stil Harz gewonnen. Dazu wurde die Rinde entfernt und das Holz fischgrätartig eingeritzt. In Gefäßen aufgefangen diente das Kiefernharz als Grundstoff für Lacke, Leime, pharmazeutische und kosmetische Artikel.

Zirbelkiefer und Latsche

Im Alpenraum wächst an der Baumgrenze die Zirbelkiefer, auch Zirbe genannt. Sie steht in enger Lebensgemeinschaft mit dem Tannenhäher, dessen Hauptnahrungsquelle die Zirbelsamen sind. Das Holz der Zirbelkiefer wird vor allem wegen der lebhaften Zeichnung für Täfelungen und Schlafzimmermöbel genutzt. Die aus den Spänen über mehrere Jahre ausströmenden Öle sorgen für einen tiefen, gesunden Schlaf.

Die Latsche, auch Bergkiefer genannt, wächst in den Alpen und im Erzgebirge meist nur strauchartig. Sie ist gekennzeichnet durch ihren krummen Wuchs mit bogig aufsteigenden Stämmen und Ästen. Diese bilden im Gebirge oft ein undurchdringliches Gewirr.

Kohlenstoffspeicher

48

Das Treibhausgas Kohlendioxid wird in Boden und Holz gebunden

Aus dem Biologieunterricht wissen wir, aus Kohlendioxid und Wasser wird mit Hilfe von Sonnenlicht und Chlorophyll in den Blättern Traubenzucker und Sauerstoff hergestellt. Den Sauerstoff benötigen Menschen und Tiere zum Leben. Der Traubenzucker wird vom Baum verwertet. Das Kohlendioxid aus der Luft wird letztlich in Form von Kohlenstoff im Holzkörper und den Wurzeln gespeichert. Beispielsweise speichert eine 35 Meter hohe Fichte 0,7 Tonnen Kohlenstoff. Dies entspricht einer Kohlendioxidaufnahme von 2,6 Tonnen. Eine 35 Meter hohe Buche speichert sogar rund eine Tonne mehr Kohlendioxid als eine Fichte. Denn bei Buche ist die Holzdichte, also das Gewicht je Kubikmeter, höher als bei der Fichte.

Neben den Ozeanen sind Wälder und Moore die größten Kohlenstoffspeicher. Ein Hektar Wald speichert pro Jahr durchschnittlich 13 Tonnen

Eine Buche speichert mehr Kohlenstoff als eine Fichte.

Kohlendioxid. Bei der Bekämpfung des Treibhauseffekts spielt der Wald in dreifacher Hinsicht eine entscheidende Rolle:

Erstens entzieht der Wald der Atmosphäre Kohlendioxid und lagert es als Kohlenstoff in den lebenden und abgestorbenen Bäumen sowie im →**Waldboden** ein. Diese Kohlenstoffmenge nennt man »Waldspeicher«.

Zweitens: Wird der Kohlenstoff in Holzprodukten wie Dachstühlen, Holzhäusern, Möbeln oder Papier gespeichert, also außerhalb des Waldes, spricht man vom »Holzproduktspeicher«. Ein Holzhaus entlastet die Atmosphäre um eine halbe bis eine ganze Tonne Kohlendioxid pro Quadratmeter.

Als dritte klimaschützende Eigenschaft von Wald und →**Holz** wird die Substitution von Kohlendioxid angesehen. Holz kann andere energieintensivere Produkte oder Materialien ersetzen. So kann es beispielsweise anstelle von Stahlträgern, Ziegeln oder Beton im Bau eingesetzt oder Pellets sowie Hackschnitzel zur Strom- und Wärmeerzeugung statt Kohle und Öl genutzt werden.

Da unsere heimischen Wälder nach dem Grundsatz der →**Nachhaltigkeit** bewirtschaftet werden, kann sich die Ressource Holz somit nicht erschöpfen.

Im Holz und im Boden werden große Mengen Kohlenstoff gespeichert.

Kurzumtriebsplantage

49

Für den schnellen Energiehunger

Kurzumtriebsplantagen (KUP) sind Anpflanzungen von schnell wachsenden Baumarten, die nach der Fällung aus dem Stock immer wieder neue Stämme bilden können. Die erzeugte Biomasse wird stofflich verwertet zu Papier, Zellstoff, Holzwerkstoffen, überwiegend wird sie aber als Holzhackschnitzel zur Energiegewinnung genutzt. Man spricht deshalb auch von Energiewäldern. Rechtlich gesehen sind KUP kein Wald, sondern ein Acker, der alle paar Jahre geerntet wird. KUP stellen eine moderne Form der historischen Nutzungsart →**Niederwald** dar.

Bäume mit starkem Stockausschlag

Für KUP können alle Baumarten mit einer hohen Fähigkeit des Stockausschlags verwendet werden. Stockausschlag bedeutet, dass nach dem Fällen des primären Stamms aus dem Stumpf neue Triebe wachsen. Wirtschaftlich interessant sind nur in der Jugend wuchskräftige Laubbaumarten wie Schwarzerle, Robinie, Weiden- und Pappelarten.

Holzhackschnitzel zur Energiegewinnung

Nach der Fällung treiben neue Stämme aus dem Stock.

Die Wuchsleistungen von klassischen Waldbeständen aus Fichte, Tanne, Buche oder Kiefer werden dabei weit übertroffen. Im Vergleich zur üblichen landwirtschaftlichen Bodennutzung stellen Kurzumtriebsplantagen eine relativ umweltschonende und extensive Bewirtschaftungsform dar. Kritisch zu sehen ist die Behandlung der Fläche mit Totalherbiziden vor der Anlage, wenn sich noch Vegetation auf dem Acker befindet. Den überwiegenden Teil der Arbeiten können Landwirte mit ihren eigenen Maschinen durchführen. Lediglich für die Pflanzung und die Ernte werden Spezialmaschinen benötigt. Geerntet wird ausschließlich im Winter, um die Ausschlagsfähigkeit der Stöcke nicht zu gefährden. Dies hat auch den Vorteil, dass die im Laub enthaltenen Nährstoffe auf der Fläche verbleiben.

Voller Tank statt voller Teller

Kurzumtriebsplantagen zur Produktion von Biomasse stehen in Konkurrenz zu Ackerflächen, die Nahrungs- oder Futtermittel produzieren. Die Herstellung nachwachsender Rohstoffe zur Energieproduktion kann deshalb zu Preissteigerungen bei Nahrungsmitteln führen. KUP zur Erzeugung von Strom, Wärme und Kraftstoffen ermöglichen eine wesentlich höhere Vermeidung von Kohlendioxid gegenüber traditionellen Bioenergieverfahren. Der Energie-Input in Form von Dünge- und Pflanzenschutzmitteln beziehungsweise der Maschineneinsatz ist im Vergleich zu Biokraftstoffen aus Raps und Getreide oder Biogas aus Maissilage gering.

Bei der Bewertung des Einflusses von KUP auf die Biodiversität ist entscheidend, von welchem Referenzsystem man ausgeht. Die meisten Studien kommen zu dem Ergebnis, dass der Kurzumtrieb gegenüber intensiver ackerbaulicher Nutzung eher positiv auf die pflanzliche Artenvielfalt wirkt. Im Vergleich zu naturnahem Wald ist die Biodiversität in KUP jedoch geringer. In ausgeräumten Ackerbauregionen können KUP durchaus zur Strukturierung der Landschaft und zur Schaffung von Lebensräumen und Trittsteinen für Pflanzenarten beitragen. Gegenüber einjährigen Ackerkulturen bieten KUP für →**Wildtiere** eine längere Bodenruhe, geringeren Dünge- und Pflanzenschutzmitteleinsatz und weniger Störungen.

Licht- oder Schattbaumart

50

Bäume haben unterschiedliche Ansprüche an das Sonnenlicht

Alle Pflanzen benötigen zum Wachsen Sonnenlicht. Doch die Ansprüche an den Lichtgenuss der Baumarten sind sehr unterschiedlich. Lichtbaumarten, die den beigemischten Schattenbaumarten in der Jugend überlegen sind, können in höherem Alter hinter die Schattenbaumarten zurückfallen oder ganz ausfallen, wenn sie nicht gezielt begünstigt werden.

Lichtbaumart ist eine Bezeichnung für Baumarten, welche zum Wachsen ein relativ hohes Minimum an Licht benötigen und ein sehr schnelles Anfangswachstum vorweisen. Das schnelle Jugendwachstum hat seinen Höhepunkt meist schon erreicht, wenn der Baum etwa 20 Jahre alt ist, und es geht dann schnell zurück. Zur Zeit der Kulmination kann der Höhentrieb bei Lichtbaumarten 1 Meter im Jahr betragen. Die Kulmination des

Eine Eiche benötigt ihr ganzes Baumleben viel Licht.

Höhentriebes ist neben dem Licht aber auch von der Nährstoff- und Wasserversorgung abhängig. Der Mindestlichtgenuss liegt bei 1/5 bis 1/10 des Außenlichts oberhalb der Baumkronen. Im Rahmen der Waldpflege müssen Lichtbaumarten vom bedrängenden Nachbarn freigestellt werden. Zu den Lichtbaumgehölzen gehören →**Birke**, →**Eiche**, →**Kiefer**, Latsche, Pappel- und Weidenarten. Das größte Lichtbedürfnis unter den Waldbäumen besitzen die Lärche und die Hängebirke.

Bei den Schattbaumarten reichen zum Gedeihen 1/10 bis 1/100 des Sonnenlichts aus. Dadurch ist im Gegensatz zu den Lichtbaumarten eine Verjüngung im dunklen Schatten von größeren Bäumen oder unter dem Schirm von Altholzbeständen möglich. Die Schattentoleranz nimmt mit sinkendem Nährstoffangebot und zunehmendem Alter ab. Schattbaumarten haben in der Jugend ein langsameres Höhenwachstum, dessen Höhepunkt mit etwa 30 Jahren erreicht wird und nur langsam abfällt. Zu den langsam wachsenden Schattbaumarten zählen →**Eibe**, →**Tanne** und →**Buche**. Auch folgende Baumarten haben ein geringes Lichtbedürfnis: →**Esche**, →**Linde**, Spitz- und Bergahorn, Hainbuche, Vogelkirsche, Elsbeere, Berg- und Flatterulme.

Kiefern gedeihen prächtig auf einer offenen Kiesfläche.

Linde

51

Das heilige Holz

»Die Linde kommt 300 Jahre, sie steht 300 Jahre und vergeht 300 Jahre«, so lautet ein bekanntes Zitat. In Ausnahmefällen können Linden sogar über 1.000 Jahre alt werden. Im Wald wächst überwiegend die Winterlinde; Sommerlinden stehen eher in Parkanlagen und Dörfern oder als Alleebaum entlang von Straßen.

Blätter und Krone sind herzförmig

Freistehend bilden beide Lindenarten stattliche Bäume mit kurzem Stamm und einer von knorrigen Ästen getragenen herzförmigen Krone. Die herzförmigen Blätter sind bei der Winterlinde auf der Unterseite bräunlich behaart, bei der Sommerlinde sind die Haarbüschel weiß. Bei so viel Herzform ist es kein Wunder, dass die Linde als Baum der Liebe gilt. Küsse unter blühenden Linden wirken stimulierend. Die gelblichen Blüten blühen ab Ende Juni. Die mit einer glatten, kaum kantigen Schale versehenen Kapselfrüchte der Winterlinde lassen sich zwischen den Fingern zerdrücken, dagegen sind die kantigeren Früchte der Sommerlinde nicht »zerdrückbar«.

Diese Winterlinde hat sich gegen die Konkurrenz der Buchen durchgesetzt.

Im Mittelalter war die Linde wegen ihrer vegetativen Verjüngung aus dem Stock für die Bewirtschaftung im →**Niederwald** geschätzt. Als schattentolerante Baumart hat die Winterlinde eine Vielzahl waldbaulich günstiger Eigenschaften und dient als Begleitbaumart zur Schaftpflege verschiedener Laubhölzer, insbesondere der →**Eiche**. Ihr feingliedriges, tiefgehendes Herzwurzelwerk festigt die Waldböden. Das sich innerhalb weniger Monate zersetzende Lindenlaub verbessert die Qualität von Humus und →**Waldboden**.

Bast und Holz sind vielfältig verwendbar

Bereits die Pfahlbauern nutzten die Vorteile des zähen, sehr reißfesten Lindenbastes zum Binden von Werkzeugen und zum Flechten von Matten. Im Mittelalter wurden aus Lindenbast Schnüre, Seile und Bogensehnen hergestellt. Lindenbast eignet sich für viele Zwecke des Bastelns. Das Holz beider Lindenarten ist biegsam, leicht zu spalten und gut zu bearbeiten. Deshalb wird es von Drechslern und Holzbildhauern geschätzt. Es findet Verwendung bei Modellschreinern, Spielwaren-, Schuh- und Prothesenfabrikanten und Hutformern sowie zur Herstellung von Musikinstrumenten, Kuckucksuhren, Pinseln, Schachfiguren und Zeichenkohle. Im Mittelalter war Lindenholz als »Lignum sacrum«, heiliges Holz, zum Schnitzen von religiösen Figuren und Altären begehrt.

Die Linde ist ein Baum des Volkes. Als Dorf- oder Hoflinde war sie als Tanz-, Friedens- und Kommunikationsbaum für amtliche Bekanntmachungen Treffpunkt für Jung und Alt. An der Gerichtslinde wurde früher geschlichtet, vermittelt sowie gerichtet. Ab und zu wurde das Urteil gleich an einem starken Ast des Baumes vollzogen. Mit der Christianisierung in Europa wandelten sich die Linden der germanischen Göttin Freya zu Marien-Linden.

Alte Linden sind im Innern oft stark ausgehöhlt und dadurch für Menschen begehbar.

Lindenblüten enthalten zuckerhaltigen Nektar. Dies freut die Bienen. Von der Linde stammt das Wort »Linderung«. Vor allem der Blütentee verschafft Linderung bei Erkältung und Grippe. Er ist fiebersenkend, schleimlösend, schweiß- und harntreibend. Außerdem ist kalter Lindenblütentee gut für die Haut, lindert Sonnenbrand und Hautirritationen.

Markierungen im Wald

52

Was bedeuten Striche und Punkte an den Bäumen?

Beim Waldspaziergang fallen an den Bäumen farbige Punkte und Striche auf. So markieren →**Förster** und Waldbesitzer ihren Grenzverlauf oder geben Informationen für die Bewirtschaftung des Waldes.

Grenzmarkierungen

Im eigenen Wald die Grundstücksgrenze zu finden, ist nicht so leicht. Die Grenzsteine ragen oft nur wenige Zentimeter aus dem Boden heraus. Ein bisschen Vegetation aus Moos oder Gras und darüber Laub und Äste, und schon ist der Grenzstein versteckt. Deshalb sprüht mancher Waldbesitzer mit bunter Farbe die Grenzsteine oder in Augenhöhe die nahestehenden Bäume an. Auf der Baumrinde bleiben die Markierungen länger erhalten und sind schon von Weitem deutlicher zu erkennen als ein Grenzstein. So kann der Waldbesitzer aus der Entfernung gut abschätzen, wie ungefähr die Eigentumsgrenze verläuft und welcher Baum noch zum Grundstück gehört. Im Staatwald stehen zwei weiße Streifen um den Baum herum für eine Abteilungs-, drei Streifen für eine Distriktgrenze. Abteilungen fassen mehrere →**Waldbestände** zusammen und sind in der Regel mehrere Hektar groß. Distrikte wiederum bestehen aus mehreren Abteilungen.

Die Försterin hat hier das Ende der vorgesehenen Fällungen markiert.

Baummarkierungen

Geht es nicht um Grenzmarkierungen, zeigen farbige Punkte oder Striche auf der Baumrinde: Dieser Baum soll gefällt werden. Bei einer →**Durchforstung** werden die Bäume entnommen, welche die ausgewählten →**Z-Bäume** bedrängen. Es können aber auch erntereife Bäume sein, die ihre vorgesehene Zielstärke erreicht haben und der nachwachsenden Baumgeneration weichen müssen. Damit der →**Waldarbeiter** beziehungsweise der Fahrer des →**Harvesters** den Strich von jeder Position aus sehen kann, wird er auf Augenhöhe und beidseitig angebracht. Ob mit weißer, blauer, oranger oder roter Farbe markiert wird, ist meist die persönliche Geschmackssache des auszeichnenden Försters.

Mit schrägen Strichen auf Bäumen werden auch die Gassen zum →**Rücken** markiert. Dauerhaft soll so angezeigt werden: Nur hier dürfen die schweren Forstmaschinen in den Waldbestand fahren. Um auf Nummer sicher zu gehen, versehen viele Förster die Markierung der Rückegassen noch zusätzlich mit einem »R«.

Diese Grundstücksgrenze im Wald ist klar markiert und leicht zu finden.

Am aufgeschichteten Holz an der →**Forststraße** sind auch Markierungen zu erkennen. Je nach Verwendungszweck und Qualität des Holzes stehen dort unterschiedliche Buchstaben und Zahlen. Meist geht es um den Namen des Waldbesitzers oder des Holzkäufers und um die Holzmenge.

Markierungen für Biotopbäume

An alten Bäumen sieht man manchmal Wellenlinien. Dies soll den Wellenflug der Spechte symbolisieren. Ökologisch orientierte Waldbesitzer wählen in ihren Wäldern Biotopbäume aus, um sie als Lebensraum dauerhaft zu erhalten. Dieser hat Pilzkonsolen, Höhlen, Horste oder größere rindenfreie Stellen am Stamm. In solchen Biotopbäumen leben neben den →**Spechten** auch Eulen, Hohltauben oder →**Hirschkäfer**. In der Krone können die Horste von Habicht oder Schwarzstorch sein. Ein Biotopbaum kann auch mit einer Spechtschablone gekennzeichnet sein.

Verwechslungsgefahr besteht, wenn Wanderwege auch mit Sprühfarbe an Bäumen gekennzeichnet werden.

Megaherbivoren

53

Welchen Einfluss haben Pflanzenfresser auf die Waldentwicklung?

Die Megaherbivorenhypothese ist eine umstrittene Hypothese zum Einfluss großer Pflanzenfresser, der Megaherbivoren, auf die Vegetation und Landschaft und die Folgerungen, die daraus für die heutige Vegetation und die Beweidung zu ziehen wären.

Durch ihren Einfluss auf die Vegetation verhinderten angeblich Auerochsen, Wisente, Wildpferde, →**Hirsche** und →**Rehe** überwiegend geschlossene Wälder in Mitteleuropa. Stattdessen sollen weitgehend halb offene, parkartige Weidelandschaften dominiert haben. Die starke Präsenz der Hasel in den mitteleuropäischen Wäldern bis vor etwa 3.000 Jahren ist ein starker Hinweis für halb offene Landschaften, da die Hasel kaum in geschlossenen Wäldern blüht. Weiterhin seien Eichen in geschlossenen Wäldern kaum in der Lage, sich natürlich zu regenerieren. In offenen →**Hutewäldern** sind Eichen dagegen anderen Baumarten, wie der →**Buche**, sogar überlegen. Das häufige Vorkommen von Eichen vor 8.000 bis 5.000 Jahren

Megaherbivoren schaffen durch Beweidung halb offene Landschaften.

gilt deshalb als ein Hinweis für halb offene natürliche Wälder als ursprüngliche Vegetation vor der Einführung der Landwirtschaft in Europa.

Megaherbivoren und Ausrottungshypothese

Die Megaherbivorenhypothese ist in Kombination mit der Ausrottungshypothese zu betrachten. Diese behauptet, dass der Mensch die größten Megaherbivoren wie Mammut und Wollnashorn zum Ende der letzten Eiszeit ausgerottet und die noch überlebenden Tierarten durch Jagd niedrig gehalten hat. Erst die verringerten Arten- und Bestandszahlen an Pflanzenfressern hätten dazu geführt, dass sich flächendeckend dichte Wälder ausbreiten konnten. Nach der letzten Eiszeit könnte so eine dichte Bewaldung Mitteleuropas eingesetzt haben, da der Einfluss der Pflanzenfresser zu gering geworden war, um einen wesentlichen Einfluss auf die Vegetation auszuüben.

Was spricht gegen die Hypothese?

Gegen die Megaherbivorenhypothese spricht, dass es bei uns viele Arten gibt, die auf über Jahrhunderte ungestörte Waldentwicklung angewiesen sind, beispielsweise →**xylobionte Käfer**. Zudem leben bei uns nur ganz wenige endemische Pflanzenarten des Offenlands, also Arten, die nur bei uns in Mitteleuropa wachsen. Dies lässt ein relativ geringes Alter der Offenvegetation vermuten. Ein weiteres Argument ist die Tatsache, dass aus der Pollenforschung keine Hinweise auf offene Landschaften nach dem Ende der letzten Eiszeit vorliegen. Pollen von Offenlandarten kommen erst zu Beginn der Jungsteinzeit mit der Einführung von Ackerbau und Viehzucht häufiger vor.

Allerdings ist dieses zunächst schlagkräftige Argument von anderer Seite relativiert worden. Paradoxerweise gleichen nämlich Pollenproben aus gemischten Grasland-Wald-Landschaften solchen aus dichten Waldländern. Sobald Rinder das ganze Jahr über Gräser fressen, kommen diese kaum zum Blühen. Da es kaum Graspollen gibt, dominieren die Baumpollen auch auf den offenen Grasflächen. Offenlandgebiete mit Bäumen, die stark von Großtieren beweidet werden, sind im Pollendiagramm also kaum von geschlossenen Wäldern zu unterscheiden.

Weidetiere wären also der ökologische Ersatz für die ausgestorbenen Megaherbivoren. Diese Hypothese erfreut sich deshalb bei solchen Naturschützern besonderer Beliebtheit, die mit Weidetieren zur Landschaftspflege arbeiten. So lässt sich mit dieser Theorie erklären, wieso sowohl typische Weide- und Wiesenpflanzen als auch typische Waldpflanzen zur selben Zeit in mitteleuropäischen Gebieten vorkamen.

Mistel

54

Der Halbschmarotzer verleiht angeblich Zauberkräfte

Die Mistel ist erst in den Wintermonaten gut zu sehen, wenn die Bäume kahl sind. Als Halbschmarotzer saugt sie den Bäumen Wasser und Nährstoffe aus. Zusätzlich besitzt sie mit dem Blattgrün ihrer Äste und Blätter die Fähigkeit, auch Fotosynthese betreiben zu können. Die Blüten der Mistel sind unscheinbar winzig und grünlich gelb. Nach der Bestäubung durch Insekten und anschließend erfolgter Befruchtung entstehen Beerenfrüchte mit Samen.

Misteldrosseln sorgen für die Verbreitung

Diese Samen werden von Vögeln verbreitet, die die Früchte oder wenigstens die Beerenhäute fressen. Misteldrosseln, aber auch andere Vogelarten fressen im Winter die Beeren. Da sie sehr klebrig sind, bleibt ein Teil der Früchte an den Schnäbeln haften. Wetzt ein Vogel dann den Schnabel an einem Zweig oder hinterlässt er dort seinen Kot, kleben die Mistelsamen an der Rinde des künftigen Wirtsbaumes fest und keimen dort aus. Bei der Keimung entsteht ein Schlauch mit einer Scheibe am Ende, aus der sich bei Kontakt mit einem geeigneten Wirt auf der Rinde ein sogenanntes Haustorium entwickelt, ein Saugorgan zur Nährstoffaufnahme. Damit dringt der Keimling zu den Leitbahnen der Wirtsbäume vor.

Misteldrosseln fressen gerne die Früchte der Mistel.

In Deutschland unterscheidet man zwischen Laubbaum-, Tannen- und Kiefer-Mistel. Häufig befallene Laubbäume sind →**Birke**, Pappel, Apfelbaum, Walnussbaum und Erle. Der Same der Tannen-Mistel kann nur auf der →**Tanne** und der der Kiefer-Mistel nur auf der →**Kiefer** keimen. Bei befallenen Bäumen müssen die Äste mit Mistelbefall mindestens 30 Zentimeter ins gesunde Holz zurück abgesägt werden. Damit kann die Ausbreitung dieses Halbschmarotzers oft gestoppt werden.

Während des Winters sind Misteln in der Birkenkrone gut zu erkennen.

Wer sich unter Misteln küsst, wird ein glückliches Paar

In den Asterix-Comics sind Misteln ein wichtiger Bestandteil des vom Druiden Miraculix gebrauten Zaubertranks. Denn sie verleihen den Bewohnern unglaubliche Kräfte zur Verteidigung des letzten von den Römern noch nicht eingenommenen gallischen Dorfes. Die Autoren sind wahrscheinlich inspiriert vom Bericht des römischen Schriftstellers Plinius. Er schrieb, dass die Priester der Gallier Misteln und die Bäume, auf denen sie wuchsen, als heilig verehrten. Die Misteln wurden von einem weiß gekleideten Druiden mit einer goldenen Sichel geschnitten und dann in einen Trank gegeben, der unfruchtbare Haustiere fruchtbar machen und Vergiftungen heilen sollte.

Heute werden Mistelzweige zur Zeit der Wintersonnenwende als Weihnachtsschmuck an die Haustüren gehängt, um das Haus vor Schaden zu bewahren. Wer sich unter Misteln küsst, soll angeblich ein glückliches Liebespaar werden. Probieren Sie es aus!

In der modernen Pflanzenheilkunde wird die Mistel gegen Bluthochdruck und Krebs eingesetzt.

Moorwald

55

Nährstoffarm und sauer

Moore zeichnen sich durch hohe Wasserstände sowie stark saure und nährstoffarme Lebensbedingungen aus. Trotz dieser extremen Voraussetzungen können sich dort auch Wälder entwickeln. Allerdings kommen Moore in Deutschland nur noch kleinflächig und vereinzelt vor. Die meisten wurden durch Entwässerung großflächig zerstört. Moorwälder treten nur im Randbereich von Hoch- oder Übergangsmooren oder am Rande von Moorgewässern auf.

Ähnlich wie Moorwälder sind Bruchwälder. Sie sind genauso stark vernässt, aber deutlich nährstoffreicher, vor allem an Stickstoff. Deshalb wachsen die meisten Pflanzenarten im Bruchwald besser. In Deutschland werden Moorwälder meist von Waldkiefer und Moorbirke, in den Alpen und im Alpenvorland auch von der Spirke, einer seltenen Kiefernart, und der →**Fichte** beherrscht. Auf den sehr sauren Standorten können die

Moorbirken wachsen auch noch unter extrem nassen Lebensbedingungen.

Moorgehölze nur eingeschränkte Wuchskraft entwickeln. Bei zunehmend günstigerer Nährstoffversorgung werden aus lichten Moorwäldern zunehmend geschlossene Wälder.

Neben Bäumen wachsen im Moorwald auch Sträucher wie beispielsweise der Faulbaum und genügsame Zwergsträucher wie Rauschbeere, Heidelbeere, Moosbeere oder Rosmarinheide. In der Krautschicht finden sich an die nassen und nährstoffarmen Bedingungen angepasste Pflanzenarten, beispielweise Graue Segge, Scheidiges Wollgras und verschiedene Torfmoosarten.

Eine interessante Besonderheit sind die Sonnentauarten. Diese fleischfressenden oder besser gesagt kleine Insekten vertilgenden Pflanzenarten besitzen kleine bewegliche Tentakel mit klebrigen Tropfen an den Blättern. Diese ermöglichen den Fang von Insekten. Die schimmernden Tropfen imitieren Tau, der die durstigen Kleintiere anlockt. Die bei der Verdauung aus dem Insekt gelösten Nährstoffe werden über die Blätter aufgenommen. Damit sich der Sonnentau jedoch nicht die für seine Blütenbestäubung notwendigen Insekten wegfängt, haben seine Blüten lange Stängel für einen ausreichenden Abstand zu den klebrigen Tentakel-Blättern.

Scheidiges Wollgras (links) und Rundblättriger Sonnentau

Mulm

56

Seine Höhlen sind von außen klein und innen ganz groß

Insekten, →**Pilze** und Bakterien können →**Holz** in ein Substrat ähnlich einem Schnupftabak verwandeln. Dies nennt man Mulm. Eine Mulmhöhle ist eine Ansammlung von Mulm im Stamm eines hohlen lebenden oder toten Baumes. In Deutschland gehören Mulmhöhlen zu den seltensten Lebensräumen der Natur. Diese Höhlen bilden sich über viele Jahrzehnte und können sehr langlebig sein, wenn niemand diese Bäume fällt. Voraussetzung für ihre Entstehung sind Verletzungen wie Astabbrüche, Rindenschädigungen oder Spechtlöcher. In diese Schädigungen dringen Holzzersetzer ein und erzeugen den Mulm.

Der Höhleneingang kann eine kleine Öffnung von nur wenigen Zentimetern sein. Hinter kleinen Höhleneingängen können sich aber Höhlen mit großem Volumen verbergen. Eine Mulmhöhle kann weite Teile des Baumes vom Stammfuß bis zum Kronenraum umfassen und trotzdem

Im Querschnitt ist der zersetzte Bereich des Holzes gut zu erkennen.

Mulm ist Lebensraum für viele Insektenarten.

kann der Baum noch leben. Je älter Baume werden, umso größer können die Mulmhöhlen sein.

Fast die Hälfte unserer heimischen Waldvögel zählt zu den Höhlen- und Nischenbrütern, so alle →**Spechte** und Eulen. In Schwarzspechthöhlen zieht beispielsweise der Raufußkauz, eine Eulenart ein. Fledermäuse benötigen zur Vermeidung von Parasiten wie Zecken und Milben sowie Fressfeinden ein großes Angebot an Höhlen. Je nach Witterung bewohnen sie wärmere oder kühlere Höhlen. Den Fledermauskot in der Höhle zersetzen Bakterien und Pilze zu Mulm. Mulmhöhlen sind für viele Insekten von Bedeutung. Im Mulm leben auch →**xylobionte Käfer** wie →**Hirschkäfer** und Eremit.

Der Eremit verbringt meist sein ganzes Leben vom Ei über die Larve bis zum erwachsenen Käfer im Mulm und ernährt sich von diesem und den dort lebenden Pilzen.

Mulm sieht aus wie Schnupftabak.

Mykorrhiza

57

Wurzeln und Pilze arbeiten zum Wohle aller zusammen

Der Begriff Mykorrhiza bedeutet aus dem Griechischen übersetzt »verpilzte Wurzel«. Eine Mykorrhiza ist eine Wurzel, die von einem →**Pilz** besiedelt ist. Der Pilz hüllt die äußersten Feinwurzeln mit einem dichten Fadengeflecht, dem Mycel ein. Pilzmycele können eine Größe von über einem Quadratkilometer im →**Waldboden** haben. Dieses Mycel besteht aus winzigen Pilzfäden, den Hyphen. Oder anders formuliert: Das Mycel ist die Gesamtheit aller Hyphen.

Steinpilz und Fichte leben in Symbiose miteinander.

Der überwiegende Teil unserer Pflanzen ist im Boden regelmäßig mit Mykorrhiza-Pilzen verbandelt. Lediglich in Extremstandorten, wie sehr trockenen, salzigen, sehr nährstoffreichen oder äußerst nährstoffarmen Böden, werden keine Mykorrhizen gebildet. Diese Zusammenarbeit von Pflanzenwurzeln und Pilzen hat sich in Millionen von Jahren bewährt. Pilze können wegen ihrer sehr geringen Hyphendurchmesser in feinste Bodenpartikel eindringen und dort viel effizienter als Pflanzenwurzeln Nährstoffe und Wasser aufnehmen und transportieren. In einem Gramm Boden können bis zu 20 Meter Hyphen enthalten sein.

Symbiose von Pilz und Pflanze

Zwischen beiden Partnern dieser Symbiose findet ein wechselseitiger Stoffaustausch statt. Die Pilze erhalten von den Pflanzen Kohlenhydrate. Das Mycel der Pilze versorgt die Pflanzen mit Phosphor, Stickstoff und Spurenelementen wie Eisen, Zink und Kupfer. In der Regel ist der Pilz vollkommen von der Pflanze abhängig, die Pflanze hat jedoch nicht immer einen Vorteil von dieser Zusammenarbeit. Zu den Vorteilen, die eine

Pilzmycele vergrößern den Einzugsbereich der Wurzeln.

Pflanze aus dieser Symbiose mit Pilzen ziehen kann, gehören vor allem die Vergrößerung des Einzugsbereichs der Wurzeln und damit die Verbesserung der Nährstoff- und Wasseraufnahme. Die Bäume sind dadurch weniger anfällig gegenüber Austrocknung und Frost. Eine mykorrhizierte Pflanze hat also eine erhöhte Trockenstresstoleranz und ist widerstandsfähiger gegenüber Schädlingen.

Mykorrhizen können die Bäume auch vor giftigen Schadstoffen und Schwermetallen schützen. Der Nachteil ist aber, dass diese Schwermetalle in den Pilzfruchtkörpern angereichert werden. Dies kann beim Verzehr von Speisepilzen zu gesundheitsgefährdenden Konzentrationen führen.

Ekto- oder Endomykorrhiza

Man unterscheidet die Ektomykorrhiza von der Endomykorrhiza. Die Ektomykorrhiza kommt hauptsächlich bei Bäumen und Sträuchern vor. Die Pilzpartner gehören überwiegend zu den sogenannten Ständerpilzen, die wie Schirme aussehen. Bekannte Beispiele sind Fliegenpilz, Pfifferling, Steinpilz. Charakteristisch für die Ektomykorrhiza ist die Bildung eines dichten Fadengeflechts um die Wurzel herum. Bei der Endomykorrhiza dringt ein Teil der Hyphen des Pilzes in die Zellen der Wurzelrinde des Pflanzenpartners ein. Eine interessante Variation der Endomykorrhiza liegt bei Orchideen vor. Die Entwicklung der Keimlinge dieser schönen Blütenpflanzen funktioniert nur mit bestimmten Mykorrhizapilzen. Der Pilz liefert Nährstoffe und bekommt dafür Reservestoffe des Samens.

Nachhaltigkeit

58

Der forstliche Grundsatz wurde zum Zukunftsprinzip der Menschheit

Es war ein →**Förster**, der vor mehr als 300 Jahren forderte, nicht mehr Holz zu ernten, als nachwachsen kann. Der Oberberghauptmann Hans Carl von Carlowitz definierte 1713 im barocken Sachsen den Begriff Nachhaltigkeit in seinem Buch »Silvicultura Oeconomica«. Seine Absicht war es, die durch Übernutzung geplünderten Wälder wieder aufzubauen und dafür Sorge zu tragen, dass derartiger Raubbau in Zukunft unterbleibt. Im Bergbau wurde Holz für Stollen und zur Verhüttung des Erzes in großen Mengen gebraucht. Dem Schöpfer des Wortes »nachhaltig« ging es jedoch nicht allein um die Nachhaltigkeit des →**Holzvorrats** und Holzzuwachses im engeren forstlichen Sinne. Er beschrieb in seinem Buch auch soziale und ökologische Komponenten einer nachhaltigen Forstwirtschaft.

Der Begriff der Nachhaltigkeit hat in den vergangenen drei Jahrhunderten viele forstliche Bezugsgrößen erlebt, von der Nachhaltigkeit der Holzerträge zur Nachhaltigkeit der Waldfunktionen und Schutzwirkungen. Heute umfasst das Prinzip der nachhaltigen Entwicklung die Betrachtung und Integration von ökologischen, ökonomischen, sozialen und kulturellen Bestandteilen. Nachhaltigkeit ist zum Zukunftsmodell für das Überleben der Menschheit geworden!

Nachhaltigkeit als Agenda für das 21. Jahrhundert

Im Jahre 1992 haben auf der Konferenz der Vereinten Nationen für Umwelt und Entwicklung in Rio de Janeiro 178 Staaten auf den dringenden Handlungsbedarf zur Rettung unserer Erde und uns Menschen hingewiesen. Grundlegende Vereinbarungen zur Förderung einer nachhaltigen Entwicklung in ökologischer, ökonomischer und sozialer Ausgewogenheit wurden getroffen. Das Kerndokument von Rio ist die Agenda 21, ein Aktionsprogramm für das 21. Jahrhundert. Ziel dieser Agenda 21 ist die Vereinigung von Umwelt- und Entwicklungsinteressen zu einer globalen Partnerschaft im 21. Jahrhundert. Das Leitbild der nachhaltigen Entwicklung reicht damit weit über die nachhaltige Forstwirtschaft hinaus.

Indikatoren des Waldes können die forstliche Nachhaltigkeit messbar machen. Beispiele sind: Baumartenzusammensetzung, Verjüngung, Naturnähe, Totholzanteil und Artenvielfalt.

Nationalparks

59

Die letzten Urwälder Deutschlands

»Natur Natur sein lassen« lautet der Leitsatz des ersten deutschen Nationalparks, des Nationalparks Bayerischer Wald. Die Natur soll sich im Nationalpark möglichst ohne Einfluss des Menschen selbst entwickeln können und der Mensch soll nur Beobachter und Genießer sein. Von der Nord- und Ostsee bis zu den Alpen schützen die deutschen Nationalparks schöne Landschaften und bieten seltenen Pflanzen und Tieren Lebensräume. Wir können dort Naturerfahrungen machen und Wissenschaftler können die letzten Urwälder erforschen. Der größte deutsche Nationalpark ist der Nationalpark Schleswig-Holsteinisches Wattenmeer, der kleinste Nationalpark ist Jasmund auf der Insel Rügen.

Die Geschichte der Nationalparks beginnt im 19. Jahrhundert in den Vereinigten Staaten von Amerika. Dort wurde 1872 mit dem Yellowstone National Park der weltweit erste Nationalpark gegründet, um die Einmaligkeit und herausragende Schönheit dieser Naturlandschaft zu bewahren.

»Natur Natur sein lassen« lautet das Motto im Waldnationalpark.

Von den Vereinigten Staaten aus verbreitete sich die Idee der Nationalparks schnell nach Europa und Deutschland.

Bayerischer Wald ist erster deutscher Nationalpark

Die Schaffung eines Nationalparks im Bayerischen Wald wurde seit Beginn des 20. Jahrhunderts diskutiert. Aber erst eine Initiative aus Kommunen, Politikern und Naturschützern schaffte es Mitte der 1960er-Jahre, eine erfolgreiche Diskussion um den Nationalpark Bayerischer Wald zu starten. 1970 wurde schließlich durch Beschluss des Bayerischen Landtags der Nationalpark Bayerischer Wald als erster deutscher Nationalpark ausgewiesen. Acht Jahre später folgte der Alpen-Nationalpark Berchtesgaden und Mitte der 1980er-Jahre folgten die beiden Nationalparks Niedersächsisches und Schleswig-Holsteinisches Wattenmeer. In Ostdeutschland beschloss die letzte Regierung der DDR die Nationalparks Jasmund, Vorpommersche Boddenlandschaft, Hochharz, Sächsische Schweiz und Müritz.

Fast alle Waldflächen in den deutschen Nationalparks sind ehemals bewirtschaftete Wälder. Die jahrhundertelange Forstwirtschaft führte zu Veränderungen der ursprünglichen Artenausstattung und Waldstrukturen. In den Managementplänen der Nationalparks sind daher Entwicklungszeiträume von 30 Jahren für Waldumbaumaßnahmen in Richtung →**Urwald** vorgesehen. Verloren gegangene ursprüngliche Baumarten der natürlichen Waldgesellschaften werden eingebracht.

Betreten erlaubt

Nationalparks können wie alle Bereiche der freien Natur zum Erholungszweck ungehindert betreten werden. Deutsche Nationalparks sind nicht eingezäunt, es gibt höchstens Wildgatter, die aber durch Tore den Besucherinnen und Besuchern offen stehen. Lediglich in Teilen des Nationalparks kann aufgrund des Schutzzwecks das freie Betretungsrecht eingeschränkt werden. Ein Wegegebot kann beispielsweise zum Schutz störungsempfindlicher Tierarten oder trittempfindlicher Vegetation notwendig sein. Auch der Schutz des Menschen vor Gefahren in der freien Natur, zum Beispiel durch herabstürzende Äste oder Steinschlag, aber auch in sehr schwierigem Gelände wie an der Kreideküste Jasmund kann zu einem Wegegebot führen.

Das Sammeln von Beeren und →**Pilzen** in kleinen Mengen ist für den eigenen Gebrauch auch in Nationalparks grundsätzlich zulässig. Bejagt werden im Nationalpark nur Huftiere, also →**Hirsch**, →**Reh** und →**Wildschwein**. Beutegreifer wie Luchs und Wolf dürfen sich ohne Einschränkungen vermehren und ausbreiten.

Naturpark

60

Land- und Forstwirtschaft im Vordergrund

Als Naturpark kann ein großräumiges Gebiet ausgewiesen werden, das zu großen Teilen aus Landschaftsschutz- und Naturschutzgebieten besteht. Die konventionelle Land- und Forstwirtschaft ist dort üblich. Im Gegensatz zum Nationalpark steht beim Naturpark die Landnutzung und nicht der Naturschutz im Vordergrund. Naturparks sollen wegen ihrer landschaftlichen Voraussetzungen besonders für die Erholung und für nachhaltigen Tourismus geeignet sein. Bei zunehmender Intensität der Landnutzung und Erholungsnutzung kommt der Naturschutz irgendwann jedoch zu kurz.

Naturparks sind bei der Bauleitplanung zu berücksichtigen und müssen in Bebauungsplänen dargestellt und beachtet werden. Man spricht von einer nachrichtlichen Übernahme. Sie sind verbindlich und können nicht etwa aufgrund eines übergeordneten Allgemeinwohls, beispielsweise eine Umgehungsstraße, in der Abwägung überwunden werden.

Das Sammeln von Pilzen ist in kleinen Mengen erlaubt.

In Deutschland existieren über 100 Naturparks, die rund 25 Prozent der Landesfläche ausmachen. Sie stellen einen wichtigen Baustein im Flächenschutz dar und helfen, Waldflächen für die Zukunft zu erhalten.

Der älteste deutsche Naturpark ist der Naturpark »Lüneburger Heide«, der bereits 1921 als »Naturschutzpark« gegründet, jedoch erst 2007 auf die heutige mehr als viermal so große Fläche erweitert wurde. Der größte Naturpark in Deutschland ist mit 3.940 Quadratkilometern der Naturpark »Südschwarzwald« und der kleinste der Naturpark »Siebengebirge« mit einer Fläche von 48 Quadratkilometern. Der Naturschützer und Unternehmer Alfred Toepfer stellte 1956 in der damaligen Bundeshauptstadt Bonn das vom Verein Naturschutzpark und der Zentralstelle für Naturschutz und Landschaftspflege entwickelte Programm zur Einrichtung von 25 Naturparks in Westdeutschland vor. 5 Prozent der Fläche der alten Bundesrepublik sollten damals durch Naturparks vor größeren Schädigungen bewahrt werden.

Naturschutz im Wald

61

Die letzten ihrer Art brauchen dringend Schutz

Die Roten Listen gefährdeter und vom Aussterben bedrohter Tier-, Pilz- und Pflanzenarten werden in Deutschland immer länger. Lebewesen, die auf alte Wälder und auf eine ungestörte Waldentwicklung sowie Totholz angewiesen sind, sind selten geworden. Aber es gibt Hoffnung!

Totholz ist voller Leben

Im deutschen Wald beträgt der Totholzvorrat rund 6 Prozent des lebenden Holzvorrates. Totholz entsteht, wenn Bäume absterben und sich ihr Holz zersetzt. Viele Lebewesen sind auf stehendes oder liegendes Totholz spezialisiert. Viele →**Pilze**, →**Flechten**, Insekten und Vögel leben vom oder am Totholz und finden hier Nahrung, Unterschlupf oder Brutgelegenheiten. Der Erhalt von Lebensräumen für die auf Totholz spezialisierten Arten funktioniert nur durch permanente Nachlieferung.

Im Naturschutzgebiet müssen sich die Nutzungen dem Schutzzweck unterordnen.

Aus Sicht des Naturschutzes sind auch Waldränder wertvolle Lebensräume. Zahlreiche Vogel- und Insektenarten finden im Übergang zwischen Offenland und Wald Nahrung und Schutz. Verschiedene Baum- und Straucharten, aber auch Kleinstrukturen wie Reisighaufen, Lesesteinhaufen oder Tümpel, erhöhen die Strukturvielfalt und Stufigkeit der Waldränder und sichern damit die Vielfalt der Arten.

Sind 5 Prozent der Waldfläche zu wenig?

Von der Bundesregierung wurde im Jahre 2007 in der Nationalen Biodiversitätsstrategie beschlossen, 5 Prozent der Wälder in Deutschland bis 2020 aus der forstlichen Nutzung zu nehmen. Auf 95 Prozent der Waldfläche soll weiterhin Forstwirtschaft betrieben werden und der kleine Rest soll sich zu Urwäldern entwickeln dürfen. Derzeit erscheint dieser

Die jungen Waldohreulen haben ihr Nest zum ersten Mal verlassen.

Wunsch unrealistisch. Viele Bundesländer opponieren gegen dieses 5-Prozent-Ziel. Bis 2019 waren weniger als 3 Prozent der Gesamtwaldfläche ihrer natürlichen Waldentwicklung überlassen.

Alte Bäume sind in Deutschland Mangelware. Nur selten dürfen Waldbäume älter als 150 Jahre werden. Alte, großkronige Bäume dienen Schwarzstorch, Wespenbussard, Rot- und Schwarzmilan als Horste. Dort ziehen sie ihren Nachwuchs in schwindelerregenden Höhen groß. Während der Brut- und Aufzuchtzeit reagieren die Vögel sehr empfindlich auf Störungen. Forstliche Maßnahmen müssen dann ruhen.

Viele Waldgebiete sind nach Naturschutzrecht als →**Nationalparks**, →**Naturparks**, Naturschutzgebiete sowie Landschaftsschutzgebiete ausgewiesen. Während die Waldbewirtschaftung in Naturparks und Landschaftsschutzgebieten kaum eingeschränkt ist, haben sich in Naturschutzgebieten alle Nutzungen dem Schutzzweck unterzuordnen. Eine Besonderheit der Bemühungen um mehr Naturschutz im Wald sind die historischen Waldnutzungsformen wie der →**Niederwald** oder der →**Hutewald**. Durch deren Art der Bewirtschaftung wurden spezielle Lebensräume für Tier- und Pflanzenarten geschaffen. Indem bestimmte Waldareale nach diesen historischen Bewirtschaftungsarten behandelt werden, erweitert die Forstwirtschaft das Artenspektrum und erhält ein gutes Naturschutzpotenzial.

Der Nachhaltigkeitsindikator für die Artenvielfalt bildet die Qualität von Natur und Landschaft in Deutschland ab. Für die Berechnung des Indikators wird die Entwicklung der Bestände von ausgewählten Vogelarten für verschiedene Lebensraumtypen erfasst. Für den Lebensraumtyp »Wald« werden vor allem die Bestände von →**Specht**- und Meisenarten des Waldes beobachtet. Für unsere Wälder entwickelte sich dieser Indikator in den letzten 20 Jahren positiv, für das Agrarland leider negativ.

Naturwaldreservate

62

Kleine Urwälder für die Zukunft

Ein Naturwaldreservat ist ein Mini-Nationalpark. In diesen Waldgebieten finden keine forstwirtschaftlichen Nutzungen statt. Für diese nutzungsfreien Reservate werden länderspezifisch unterschiedliche Bezeichnungen verwendet: Naturwaldreservat, Naturwaldzelle, Naturwaldparzelle, →Bannwald, Totalreservat oder auch Prozessschutzfläche. Im Naturwaldreservat ist der Wald der natürlichen Entwicklung überlassen, sodass nach gewisser Zeit wieder Strukturen wie in einem →**Urwald** entstehen. Ihre Ausweisung dient neben dem Naturschutz der wissenschaftlichen Forschung. Alle wichtigen Waldtypen eines Bundeslandes sollen in Naturwaldreservaten repräsentiert sein.

Im Zusammenhang mit der Frage nach der natürlichen Waldentwicklung ohne Eingriffe des Menschen hatte der Forstwissenschaftler Herbert Hesmer bereits im Jahr 1934 angeregt, von allen Waldgesellschaften möglichst naturnahe Teile als so genannte »Naturwaldzellen« auszuscheiden, die von jeder wirtschaftlichen Nutzung ausgenommen und lediglich als Forschungs- und Demonstrationsobjekte dienen sollten.

Im Naturwaldreservat wird beobachtet, wie sich der Wald ohne menschlichen Einfluss entwickelt.

Im Naturwaldreservat Riesloch im Bayerischen Wald

In Deutschland gibt es mittlerweile insgesamt rund 750 Naturwaldreservate mit einer Gesamtfläche von 355 Quadratkilometern, dies sind 0,3 Prozent des deutschen Waldes. In Baden-Württemberg wurden flächenmäßig mit 93 Quadratkilometern die meisten Naturwaldreservate als »Bannwälder« ausgewiesen.

Bayern folgt mit 165 Reservaten auf 75 Quadratkilometern. Dort wurden schon im Jahre 1978 135 Naturwaldreservate ausgewählt. Das Bayerische Waldgesetz ermöglicht es, weitgehend natürliche Waldflächen als Naturwaldreservate einzurichten. Sie sollen der Erhaltung und Erforschung sowie der Sicherung der Artenvielfalt dienen. Sie liegen überwiegend im Staatswald, fünf Reservate befinden sich im Kommunalwald und drei im privaten Eigentum. Die durchschnittliche Größe eines bayerischen Naturwaldreservats beträgt 0,45 Quadratkilometer.

Am stehenden Totholz gedeihen viele Baumpilze.

Niederwald

63

Brennholznutzung seit Jahrtausenden

Niederwald ist eine sehr alte Art der Holzgewinnung. Schon zur Eisen- und Römerzeit und im Mittelalter war sie weit verbreitet. Voraussetzung für die Nutzung als Niederwald ist der Stockausschlag. Als Stockausschlag bezeichnet man bei Holzgewächsen die Triebe, die nach dem Verlust des Hauptstammes aus dem Stock, auch Stubben oder Stumpf genannt, wieder neu austreiben. Die Fähigkeit zu dieser Regeneration haben die meisten Sträucher, aber auch viele Laubbaumarten wie →**Ahorn**, →**Eiche**, →**Linde**, →**Birke**, Erle, →**Esche**, Weide, Pappel, Robinie, Hainbuche und Hasel. Von den heimischen Nadelbaumarten schafft dies nur die →**Eibe**. Diese regenerationsfähigen Gehölze werden in einem Zyklus von 10 bis 30 Jahren einzelstammweise oder in Parzellen gefällt. Dadurch entsteht eine lichte Waldfläche, die mit strauchartigen Bäumen von mehreren Metern Höhe bestanden ist.

Mittlerweile hat die Holznutzung durch Niederwald nur noch wenig Bedeutung. Nur etwa 1 Prozent der Waldfläche in Deutschland wird noch als Niederwald bewirtschaftet. Durch die kurze →**Umtriebszeit** und die fast

Nach der Fällung des Hauptstamms treibt die Buche neu aus dem Stock.

vollständige Entnahme der oberirdischen Biomasse werden die Böden stark beansprucht. Unrentabel gewordene Niederwälder lässt man durchwachsen oder überführt sie durch Neupflanzung in Hochwaldbestände.

Hohe Artenvielfalt wegen günstiger Lichtverhältnisse

Die Niederwaldwirtschaft hat besonders die Baumarten gefördert, die sehr gut vom Stock ausschlagen, beispielsweise Linde, Hainbuche oder Hasel. Im Niederwald dringt das Licht bis in die Krautschicht durch. Lichtbedürftige Baumarten wie Vogelbeere, Wildkirsche, Esche oder Pappel treten deshalb in Niederwäldern oder in aus Niederwäldern hervorgegangenen Beständen häufiger auf. Die Bodenvegetation ist auch wegen der günstigen Lichtverhältnisse in Niederwäldern stärker vertreten als in Hochwäldern. Insgesamt ist die Artenvielfalt der Vegetation im Niederwald relativ hoch.

Das eingeschlagene →**Holz** wurde meistens als Brennholz verwertet. Bis ins 19. Jahrhundert spielten dort auch die Köhlerei und Lohrindengewinnung eine Rolle. Bei Letzterem wurde die gerbstoffhaltige Rinde von den frisch gefällten Eichenstangen abgelöst und anschließend getrocknet. Abnehmer waren die Gerbereien.

In manchen Gebieten wird die Beibehaltung oder Wiederaufnahme des Niederwaldbetriebes gefördert, um diese historische Waldnutzungsform und ihre typische Vegetation auf kleiner Fläche zu erhalten. Im →**Nationalpark** Jasmund auf der Ostseeinsel Rügen wird ein Teil als Niederwald sogar mit →**Buche** betrieben. Die Buche ist hier nur aufgrund der besonders günstigen klimatischen Bedingungen und Bodenverhältnisse zum Stockaustrieb fähig. Auch bei der zunehmenden Energieholzbewirtschaftung wird wieder mit Niederwäldern experimentiert, weil schnell wachsende Baumarten kaum forstlicher Pflege bedürfen und schnell Biomasse produzieren. Eine moderne, dem Niederwald vergleichbare Form der Produktion von Biomasse ist die →**Kurzumtriebsplantage.**

Die Hasel zeigt einen intensiven Stockausschlag.

Pilze

64

Das Internet des Waldes

Die kleinen Gewächse mit Stiel und Schirm obendrauf kennt jedes Kind. Aber das, was wir sehen, ist nur ein kleiner Teil des Pilzes, sein Fruchtkörper. Der Großteil eines Pilzes besteht jedoch aus einem Netz von feinen Fäden. Dieser Teil wird Mycel genannt. Meist sehen wir ihn nicht, denn bei Waldpilzen wächst er unterirdisch. Die Fäden der größten Pilze können Netzwerke bilden, die sich über enorme Flächen erstrecken und mehrere Tonnen wiegen. Es wurden Pilze entdeckt, die zu den größten Lebewesen der Welt zählen. Weltweit soll es 3 bis 5 Millionen Pilzarten geben. Es existieren schätzungsweise mehr als zehnmal so viele Pilzarten wie Pflanzenarten auf unserer Erde. Die Pilze besiedeln seit mehr als 400 Millionen Jahren die Landmasse unseres Planeten.

Lange Zeit galten Pilze als Pflanzen, weil sie sich nicht fortbewegen und deshalb nicht als Tiere gelten konnten. Doch ihre Lebensweise und ihr Aufbau sind ganz anders als bei den Pflanzen. Zum Beispiel fehlt ihnen das Blattgrün Chlorophyll, mit dessen Hilfe Pflanzen die Sonnenenergie nutzen. Deswegen haben Biologen Pilzen ein eigenes Reich zugeteilt, neben dem Reich für Pflanzen und dem Reich für Tiere.

Vielseitige Pilze

Pilze können verschiedene Rollen in der Natur wahrnehmen. So zersetzen sie als →**Destruenten** abgestorbene Pflanzen und tote Tiere. Nur bestimmte Pilze schaffen es, bestimmte Bestandteile von →**Holz** zu zersetzen. Sie säubern auf diese Weise den Wald von abgestorbenen Lebewesen. Daraus machen sie Humus als Grundlage für neues Pflanzenwachstum. Pilze können auch Symbiosepartner von Pflanzen sein.

Bei der →**Mykorrhiza** legen sich die Pilzfäden um die Wurzeln der Pflanzen. Dank des weitreichenden Netzes der Pilze können die Bäume Nährstoffe untereinander austauschen. Angeblich warnen sich manche Pflanzen über die Pilzgeflechte gegenseitig vor Gefahren wie den Angriffen durch Blattläuse. Allerdings gibt es auch parasitische Pilze, die Bäumen oder anderen Pflanzen schaden. Ein weit verbreitetes Beispiel ist das Eindringen eines Pilzes beim Triebsterben der →**Esche**.

Für uns Menschen sind Pilze bedeutsam bei der Herstellung von Käse, Bier und Wein. Ihre Inhaltsstoffe besitzen vielfältige medizinische und technische Anwendungsmöglichkeiten. Das Penicillin, das von einem Schimmelpilz gebildet wird, hat als Antibiotikum die Bekämpfung von bakteriellen Infektionskrankheiten revolutioniert.

Beim Sammeln von Speisepilzen steht das Naturerleben meist mehr im Vordergrund als die Ernährung. Vergleicht man mehrere Pilzbücher, so findet man widersprüchliche Angaben zur Essbarkeit der Arten. Auch wurden immer wieder Giftstoffe in Pilzen gefunden, die in älteren Büchern als Speisepilze galten. Schauen Sie sich vorsichtshalber die aktuelle Positivliste für Speisepilze der Deutschen Gesellschaft für Mykologie an.

Abschneiden oder Herausdrehen?

Es ist beim Pilzesammeln egal, ob die Fruchtkörper abgeschnitten oder herausgedreht werden. Das Pilzmycel im Waldboden wird durch das Sammeln der oberirdischen Fruchtkörper nicht geschädigt. Es ist jedoch empfehlenswert, Pilze vorsichtig zu entnehmen, da sich an der Stielbasis oft wichtige Erkennungsmerkmale befinden. Viele Speisepilze wie Steinpilz und Pfifferling stehen unter Naturschutz und dürfen nur in kleinen Mengen für den Eigenbedarf gesammelt werden. Nach einem Regentag lohnt es sich am meisten, Pilze zu sammeln.

Der Rotrandige Baumschwamm zersetzt die Zellulose im Holz.

Reh

65

Der Feinschmecker unter den Wildtieren

Das Reh ist nicht die Frau vom →**Hirsch**, sondern eine eigene Huftierart in Deutschland. Weil sie verschiedene Lebensräume bewohnen, wird zwischen Waldreh und Feldreh unterschieden. Während das Waldreh waldnahe Lebensräume besiedelt, ist das Feldreh in der Agrarlandschaft zu Hause und hat seine Ernährung überwiegend auf Feldfrüchte umgestellt. Feldrehe kann man vom Zug oder Auto aus in offener, fast deckungsloser Agrarsteppe gut erkennen.

Das versteckt lebende Waldreh frisst je nach Jahreszeit Gräser und Knospen, Laubtriebe und Kräuter, Farne und Brombeeren. Ein etwa 20 Kilogramm schweres Reh braucht mindestens 2 Kilogramm Grünmasse täglich. Die natürliche Nahrung enthält meist so viel Feuchtigkeit, dass es nicht zusätzlich trinken muss. Nur bei Trockenheit sind Rehe an Wasserstellen zu beobachten.

Verbiss- und Fegeschäden

Im Sommer bevorzugen Rehe junge Pflanzenteile, im Herbst holen sie sich Feldfrüchte wie Mais außerhalb des Waldes und im Winter knabbern sie gerne die Knospen von Bäumen, Bucheckern, Pilze oder Brombeerblätter. Die Verbissschäden durch Rehe wirken unterschiedlich. Rehe können sowohl die Naturverjüngung der Bäume verringern als auch durch selektiven Verbiss beigemischte seltene Baumarten im Anteil deutlich vermindern. Jahrelanger Verbiss hemmt das Wachstum und verursacht Verformungen und Beschädigungen an den jungen Bäumchen. Darüber hinaus fressen Rehe auch seltene →**Blumen im Wald**.

Rehe sind Wiederkäuer, allerdings haben sie gemessen an ihrer Körpergröße einen verhältnismäßig kleinen Pansen. Sie verfügen außerdem nur über zwei statt der für Wiederkäuer so charakteristischen drei Blindsäcke. Dafür ist aber die Pansenschleimhaut dichter mit Pansenzotten besetzt als bei anderen wiederkäuenden Huftieren. Dies vergrößert die Gesamtoberfläche des Pansens und damit die dem Blutkreislauf zugeführte Stoffmenge.

Die Schäden durch Verbiss und Fegen haben für Waldbesitzer eine hohe ökonomische Bedeutung. Es gilt der Grundsatz →**Wald vor Wild**. Die Jagdstrecke beträgt auf dem Gebiet Deutschlands jährlich mehr als 1 Million Stück Rehwild.

Das Reh riecht und hört gut, sieht jedoch schlecht

Der Geruchssinn ist beim Reh sehr gut ausgeprägt. Die Nasenschleimhaut besteht aus rund 320 Millionen Riechzellen. Rehe riechen einen Menschen schon ab einer Entfernung von 300 Metern, wenn der Wind günstig weht. Auf verschiedene Laute reagieren Rehe sehr unterschiedlich. Sie können sich einerseits an laute Geräusche gewöhnen und lassen sich beispielsweise durch den Straßenlärm beim Fressen nicht stören. Andererseits löst das leise Knacken eines trockenen Zweiges Fluchtverhalten aus. Mit ihren seitlich stehenden Augen können Rehe ohne Kopfdrehung einen weiten Bereich überblicken. Unbewegte Personen können sie aber kaum erkennen.

Erwachsene Rehböcke besetzen Reviere und grenzen sie durch Duftmarkierungen ab. Die Brunft erfolgt im Juli und August. Dort, wo viele →**Hirsche** vorkommen, sind Rehe seltener. Gegenüber →**Wildschweinen** ist das Verhalten der Rehe unterschiedlich. Dort, wo Wildschweine häufig sind und auch am Tage ihre Einstände verlassen, suchen beide Arten gelegentlich auf denselben Flächen nach Nahrung. Dagegen flüchten Rehe in der Dämmerung und bei Dunkelheit vor Wildschweinen.

Rehbock auf der Flucht

Reisig

66

Dünne Zweige, um Feuer anzuzünden

Als Reisig bezeichnet man dünnes →**Holz** von Zweigen mit bis zu 7 Zentimetern Durchmesser. Dafür ist auch die Bezeichnung »Nichtderbholz« gebräuchlich, im Gegensatz zum »Derbholz«. Derbholz ist also entsprechend die gesamte Holzmasse eines Baumes ab 7 Zentimeter Durchmesser.

Maschinen verursachen im →**Waldbestand** Schäden an der Vegetation und am Boden. Deshalb wird Reisig vom →**Harvester** zur Verringerung der Schäden in den Rückegassen abgelegt.

Reisig dient auch als Brennmaterial, hat allerdings keinen hohen Brennwert. Trockenes Fichtenreisig eignet sich gut zum Feueranzünden. Ist das Reisig angebrannt, werden zur Erzeugung von Wärme Holzscheite obendrauf geschichtet. Fichtenreisig wird auch zum Abdecken von Gartenpflanzen über den Winter benutzt, um eine dämmende Lufthülle gegen Schnee und Eis zu schaffen.

In ärmeren Gegenden wurde früher Reisig gebündelt, um den geringen Brennwert zu kompensieren. In gebündelter Form als Faschine dient Reisig im Deich-, Böschungs- und Wasserbau nach wie vor als befestigendes Baumaterial.

Reisigbündel von Laubbäumen wurden früher als »Schaflaub« zur Winterfütterung für Hausschafe verwendet. Reisig, beispielsweise der →**Birke**, kann auch zur Herstellung von Besen Verwendung finden. Mit dem Reisig des Wacholders kann man Fleischwaren räuchern.

Im Wald darf auf dem Boden liegendes Reisig von jedem gesammelt werden. Für solche Fälle hat der Gesetzgeber nämlich die »Handstraußregelung« ersonnen. Ein bisschen Reisig darf man mitnehmen, aber nur in Blumenstraußgröße.

Reisigpolster in der Rückegasse verringern die Schäden am Waldboden.

Rotes Waldvögelein

67

Rot blühende Orchidee

Das Rote Waldvögelein ist kein Vogel, sondern eine wunderschöne Orchidee des Waldes, die eine Wuchshöhe von bis zu 70 Zentimetern erreichen kann. Diese Pflanze bildet kurze, kriechende und abwärts gerichtete Überdauerungsorgane, sogenannte Rhizome. Der lockere Blütenstand des Roten Waldvögeleins besteht aus bis zu 20 Blüten. Die Blütenfarbe liegt zwischen rosarot und violett. Die Intensität der Blütenfärbung wird stark vom Kalkgehalt des Bodens bestimmt. Je kalkreicher der Untergrund ist, umso kräftigere Farben bilden sich heraus.

Befruchtung durch Bienen und Hummeln

Die Blütezeit des Roten Waldvögeleins beginnt Ende Mai und erstreckt sich bis Ende Juli. Mit etwas Fantasie kann man in den geöffneten bis 5 Zentimeter großen Blüten ein kleines Vögelein mit geöffnetem Schnabel und ausgebreiteten Schwingen erkennen. Daher kommt der deutsche Name. Die Befruchtung dieser Orchidee wird von Bienen und Hummeln erledigt. Neben der Insektenbestäubung ist auch Selbstbestäu-

Rosa Vögelein mit ausgebreiteten Flügeln und geöffnetem Schnabel

bung möglich, weil sich die Pollenpakete nach unten neigen und die Narben berühren. Allerdings blüht das Rote Waldvögelein oft mehrere Jahre nicht.

Der Same keimt nur mit einem bestimmten Pilz

Die staubfeinen Samen reifen in Kapseln an der Pflanze heran und werden anschließend vom Wind verbreitet. Orchideensamen zählen zu den kleinsten Pflanzensamen überhaupt. Sind die letzten Samen reif, sterben die oberirdischen Pflanzenteile ab und im Boden bleibt der Wurzelstock zurück. Dieser treibt im nächsten Jahr an der Oberfläche neu aus. Der Same enthält keinerlei Nährgewebe für den Keimling. Deshalb keimt er erst, wenn er im Boden auf einen bestimmten →**Mykorrhiza**-Pilz trifft. Der →**Pilz** liefert die Nährstoffe und erhält im Austausch die Reservestoffe des Samens. Aufgrund dieser Abhängigkeit ist es schwer, Orchideen zu verpflanzen oder zu züchten.

Das Rote Waldvögelein bevorzugt lichte, meist trockene Buchenwälder auf kalkhaltigen Böden. Vereinzelt findet man es auch in Kiefern- und Fichtenwäldern bis in eine Höhe von 2600 Metern. Die Bestandsentwicklung in Deutschland ist rückläufig. Es existieren nur noch zerstreute Vorkommen mit kleinen Beständen. Deshalb wurde das Rote Waldvögelein auf die Rote Liste der gefährdeten Pflanzen gesetzt. Ursache ist die Zerstörung der Lebensräume. Wie alle deutschen Orchideenarten steht auch das Rote Waldvögelein unter dem Schutz der Bundesartenschutzverordnung.

Das Rote Waldvögelein wächst bevorzugt in lichten Buchenwäldern.

Rotfäule

68

Sie wird von Weißfäule-Pilzen verursacht

Rotfäule zersetzt im →**Holz** den Holzstoff Lignin. Lignin zersetzende →**Pilze** lassen den weißlichen Zellstoff zurück. Rotfäule ist deshalb den Weißfäulen zuzurechnen. Der Zellstoff verfärbt sich allerdings durch Stoffwechselprodukte, welche beim Abbau des Holzes durch die Pilze entstehen, rötlich. Rotfäule ist jedoch nicht gleich Rotfäule. Ursachen und Erreger von Rotfäulen unterscheiden sich zum Teil erheblich.

Wichtigster Pilzerreger der Rotfäule bei →**Fichte** ist der Wurzelschwamm. Dieser ist in unseren Waldgebieten weit verbreitet und wird von Waldbesitzern sehr gefürchtet. Charakteristisch für ihn ist, dass er ausschließlich über die Wurzeln in den Stamm gelangt, niemals über Rindenverletzungen. Dieser Pilz wächst vor allem im Zentrum des Fichtenstammes nach oben. Der bei der Fichte »Reifholz« genannte innere Holzkern besteht aus toten Holzzellen und leistet dem Pilz keinen Widerstand. Die vom Wurzelschwamm verursachte Kernfäule erreicht daher in verhältnismäßig kurzer Zeit große Höhen und entwertet große Teile des Stammes. Deshalb ist diese Fäule ökonomisch sehr bedeutend.

Die vom Wurzelschwamm verursachte Rotfäule entwertet das Fichtenholz.

Dieser Fäulepilz wächst am besten in Lehmböden aus Kalkgestein. Denn je höher der Basengehalt des Bodens, umso besser gedeiht er. Ein starker Befall des Vorbestandes mit Wurzelschwamm erhöht zudem das Infektionsrisiko für den Folgebestand. Frisch geschnittene Stöcke werden vom Wurzelschwamm bevorzugt befallen. Er kann sich dort entwickeln und dann über Wurzelverwachsungen in die Wurzeln gesunder Bäume wechseln und dort Fäule auslösen.

Rücken

69 Das Holz muss vom Bestand zum Lagerplatz

Auf dem »Holzweg« im übertragenen Sinne befand sich jeder schon einmal. Diese Metapher meint, vom rechten, sinnvollen Weg abgehen, also einen Irrweg gehen. Das Wort »Holzweg« steht hier für einen Weg, der in einen Wald, aber nicht zur nächsten Ortschaft führt. Denn im Wald gibt es viele Wege, die nicht Ortschaften verbinden, sondern lediglich der →**Holzernte** dienen. Sobald in einem Wald verwertbares Holz anfällt, stellt sich die Frage, wie dieses Holz aus dem →**Waldbestand** heraustransportiert und zum nächsten Lagerplatz gebracht werden kann. Bei diesem Holztransport innerhalb des Waldes spricht man von »Holz rücken«.

Alle 30 Meter eine Rückegasse im rechten Winkel

Die Feinerschließung eines Waldbestands durch Rückegassen ermöglicht die geordnete und damit auf Teilflächen beschränkte Befahrung durch Holzerntemaschinen und Rückefahrzeuge. Nur auf diesen Gassen dürfen sich die →**Harvester** und →**Forwarder** bewegen. Ziel ist es, möglichst wenig Waldboden mit schweren Maschinen zu befahren. Im Abstand von etwa 30 Metern werden sie mit einer Breite von wenigstens 4 Metern angelegt. So werden in einem regelmäßigen Raster baumfreie Schneisen geschaffen für die Infrastruktur des Waldes. Meistens laufen die Rückegassen im rechten Winkel von der Lkw-befahrbaren →**Forststraße** ab. Sie bestehen aus dem gewachsenen Waldboden und werden nicht wie die Forststraße mit Kies, Schotter und Bauschutt befestigt. Manchmal sind Rückegassen auch geschwungen. So wirken sie für die Waldbesucher nicht so schematisch und unnatürlich.

Der Forwarder rückt das Holz zum Lagerplatz.

Bei der Ernte von Holz mit schweren Erntemaschinen wird das →**Reisig** der Bäume auf der Rückegasse ausgebreitet, um auf diesem »Reisigpolster« eine bodenschonendere Befahrung zu ermöglichen und die Nährstoffe des Reisigs im

Ein seltenes Erlebnis: Holzrücken mit Pferd im Winter

Waldbestand zu belassen. Eine dauerhafte →**Markierung** von Rückegassen mit einem »R« oder einem Schrägstrich auf der Rinde soll anzeigen, wo die schweren Forstmaschinen in den Waldbestand fahren dürfen. So werden rund 80 Prozent der Waldböden geschont. Diese Linien der Walderschließung werden idealerweise bereits in den jungen Jahren des Bestandes angelegt. Bei jeder weiteren Holzentnahme können die Rückegassen erneut genutzt werden. Dadurch erfolgt abseits der Fahrlinien keine weitere Befahrung des Waldes. Das schont nicht nur den Boden, sondern auch Wurzeln und Bäume.

Rückewege ab 30 Prozent Hangneigung

Es gibt in Abhängigkeit von der Hangneigung auch die Unterscheidung zwischen Rückegassen und Rückewegen. Während man bei geringeren Hangneigungen von Rückegassen spricht, werden Rückewege bei Hangneigungen von über 30 Prozent angelegt. Rückewege sind in der Herstellung wesentlich teurer, da Erdarbeiten mit Bagger oder Raupe notwendig sind. Der Abstand zwischen den Rückewegen beträgt etwa 100 Meter.

Rückewege und Rückegassen wurden erst notwendig, seit Holzrücken mit technisch aufwändigem Maschineneinsatz erfolgt. Früher transportierten sogenannte Rückepferde mit einer Pferdestärke oder Seile das Holz. Das Rücken mit dem Pferd ist bei gefrorenem Boden die Methode mit den geringsten Bodenschäden. Denn ein Huf verdichtet das Erdreich nur punktuell. Auch heute wird vereinzelt das Holz mit Rückepferden aus dem Wald gezogen. In der Regel werden aber →**Forwarder** dafür eingesetzt.

Schmetterlinge im Wald

70

Tagfalter und Nachtfalter

Wer bei sonnigem Wetter den Wald besucht, sieht zahlreiche Schmetterlinge flattern. Grundlage für die schönen Falter sind die Futterpflanzen für die Schmetterlingsraupen. Nur wenn die richtige Raupenfresspflanze am richtigen Standort wächst, legt das Weibchen darauf seine Eier ab.

Der Schwalbenschwanz ist einer unserer größten und auffälligsten Tagfalter.

Bei Schmetterlingen unterscheiden wir zwischen Tagfalter und Nachtfalter. Wie der Name vermuten lässt, sind Tagfalter überwiegend am Tag aktiv. Es gibt jedoch auch Nachtfalter, die tagsüber zu sehen sind. Sitzt ein Schmetterling zum Ausruhen irgendwo und hat die Flügel horizontal ausgeklappt, dann handelt es sich um einen Nachtfalter. Denn Tagfalter klappen ihre Flügel nach oben. Die Fühler von Tagfaltern sehen aus wie dünne Keulen. Die meisten Nachtfalter haben dagegen dicke, fedrige Fühler, die wie Kämme aussehen.

Tagfalter

Die meisten Tagfalterarten sind auf →**Lichtbaumarten** wie →**Birke,** Zitterpappel oder Sal-Weide angewiesen. Für den Großen Schillerfalter ist es zum Beispiel wichtig, dass die Sal-Weide luftfeucht und nicht sonnig steht, damit die Weibchen sie zur Eiablage annehmen.

Der Große Eisvogel, der als Schmetterlingskönig des Waldes gilt, bevorzugt Zitterpappeln am Waldrand zur Eiablage. Sein kleinerer »Bruder«, der Kleine Eisvogel, ist dagegen weit verbreitet und lässt sich leichter beobachten. Er ist ein fleißiger Blütenbesucher, obwohl er am liebsten an feuchten Waldstraßen oder am Rand von Pfützen Flüssigkeit und Nahrung aufnimmt. Waldränder, Waldlichtungen und Schlagfluren bevorzugen der Kaisermantel und die Perlmutterfalter.

Zitronenfalter sieht man schon ab Februar in unseren Wäldern. Die Männchen sind zitronengelb. Die blassen Weibchen können mit dem

Kohlweißling verwechselt werden. Diese Tagfalter überwintern als einzige mitteleuropäische Schmetterlingsart ohne Schutz in der Vegetation. Mit Hilfe von Glycerin, Sorbit und Eiweißen gelingt es ihnen, den Gefrierpunkt der Körperflüssigkeiten so stark zu senken, dass sie Temperaturen von bis zu minus 20 Grad überstehen. Die Eiablage findet im April an den Futterpflanzen der Raupen statt, dies sind Faulbaum und Kreuzdorn.

Auch der Admiral überwintert immer häufiger bei uns. Die Raupen des Admirals ernähren sich ausschließlich von Brennnesseln. Sie spinnen Blätter zu auffälligen Blatttüten zusammen. Die Blatttüte dient als Schutz vor Spinnen, Wanzen oder Ameisen.

Nachtfalter

Einige Nachtfalterarten gelten als Schädlinge des Waldes. Der Schwammspinner neigt trotz zahlreicher natürlicher Gegenspieler wie Viren, Bakterien, Pilze, Schmarotzer und Räuber nach warm-trockenen Frühsommern zu Massenvermehrungen. Die Raupen gedeihen vor allem an →**Eichen** und beeinträchtigen das Baumwachstum. Sie können auch lästig werden, wenn sie sich auf der Suche nach Nahrung in Gärten ausbreiten und sogar durch offene Fenster und Türen in die Häuser kriechen. Bei empfindlichen Personen verursachen die Raupenhaare Hautreizungen. Deshalb wird jedes Jahr in vielen Eichenwäldern der Schwammspinner mit Insektengiften bekämpft. Dadurch sterben in diesen Wäldern jedoch leider auch andere Schmetterlings- und Insektenarten. Viel sinnvoller ist es, anstatt Insektizide zu spritzen auf das Wirken der natürlichen Gegenspieler zu setzen.

Der Kleine Eisvogel und der Kaisermantel lassen sich entlang von Waldstraßen und Waldrändern häufig blicken.

Schutzwald

71

Günstiger Schutz vor Steinschlag und Lawinen

Eine der wichtigsten Funktionen des Waldes für uns Menschen ist der Schutz vor Erosion und Naturgefahren. Als permanenter Schutzwald schützt der Wald seinen eigenen Standort vor Verkarstung, Erosion und Humusschwund. Und die menschliche Infrastruktur schützt er vor Lawinen, Felsstürzen, Steinschlägen, Erdrutschungen, Hochwassern, Überflutungen oder Bodenverwehungen.

Der ideale Schutzwald gegen Lawinen und Steinschlag ist ein lockerer Mischwald aus verschiedenen Baumarten unterschiedlichen Alters. Jede Baumart zeigt dabei Stärken und Schwächen. Beispielsweise wachsen →**Fichten** schnell und sind in der Jugend unempfindlicher gegenüber Steinschlag. Aber Fichten wurzeln meist nicht tief, was sie für →**Windwurf** anfällig macht. Bei Beschädigungen am Stamm dringen →**Pilze** ein, die →**Rotfäule** verursachen können.

Dagegen wurzeln →**Tannen** tief und sind gegenüber Stürmen weniger anfällig. Da sie in der Jugend sehr langsam wachsen und sehr gerne von

Schutzwald in den Ammergauer Alpen

→**Reh**, →**Hirsch** und Gams gefressen werden, überleben bei hohen Wilddichten nur wenige Tannen die Jugendphase.

Anders der Bergahorn, er wurzelt sogar in Geröllhalden, die sich bewegen. Er ist gegen starken Frost jedoch empfindlicher als Nadelbaumarten.

Schutz durch Wald ist die billigste Lösung

Schutzwald ist bei Weitem sinnvoller und kostengünstiger als Verbauungen aus Beton und Stahl. So verhindert Wald im Gebirge die Bildung einer gleichmäßigen Schneeschicht, da der Schnee zuerst von den Baumkronen zurückgehalten wird und dann paketweise zu Boden fällt. Die Kosten für die Pflege eines existierenden Schutzwaldes in einem Zeitraum von 100 Jahren betragen nur einen Bruchteil der Kosten für die Errichtung und Pflege von Lawinenverbauungen, die einen Schutzwald ersetzen könnten. Geht Schutzwald beispielsweise durch Sturm verloren, muss durch Naturverjüngung, Aufforstung und Lawinenverbauungen die Schutzwirkung mühsam ersetzt werden. Auch Schäden durch Wildverbiss und Schälung, Beweidung und unsachgemäße Bewirtschaftung können eine Sanierung des Schutzwaldes notwendig machen.

Intakter Schutzwald schützt vor Erosion und Naturgefahren.

Seit Jahrhunderten erlebt der Schutzwald im Gebirge starke Beeinträchtigungen durch den Menschen. Die Herstellung von Eisen- und Glaswaren benötigte früher große Mengen →**Holz** für das Erhitzen der Öfen. Darüber hinaus wurde für die Salzproduktion Energieholz für die Siedereien benötigt. Dieses Holz wurde erst in der Nähe der Siedlungen gefällt und später aus weit entfernten Wäldern geholt.

Nachbarschaftsschutzwald

Der Begriff Schutzwald wird in der Forstwirtschaft auch für Wald verwendet, der den benachbarten Wald vor Sturmschäden schützt, sogenannter Nachbarschaftsschutzwald. Hierbei handelt es sich um Waldbestände, die anderen Beständen in Hauptwindrichtung vorgelagert sind.

Specht

72

Trommler und Höhlenbauer im Wald

Der Vogelstimmengesang gehört zu den schönsten Erlebnissen im Wald. Bereits vor der Morgendämmerung beginnen die ersten Arten zu singen. Dem Gesang der Singvögel vergleichbar ist das Trommeln der Spechte. Von allen Vogelgruppen haben Spechte den höchsten Bruterfolg, da ihre Höhlen gegenüber Wetterrisiken und Feinden recht gut geschützt sind. Die Verlustrate der Brut beträgt bei Spechten nur rund 3 Prozent. Bei Bodenbrütern wie dem Kiebitz oder der Feldlerche gehen 20 Prozent und bei Strauchbrütern geht sogar die Hälfte der Brut im Durchschnitt verloren.

Buntspecht: Das Gefieder ist schwarz-weiß-rot

Alle Spechtarten leben das ganze Jahr im Wald. Die häufigste und am weitesten verbreitete Spechtart ist der Buntspecht. Sein Trommelwirbel ist kurz und schnell. Das Gefieder ist schwarz-weiß-rot mit hellem Bauch. Er hackt Holzinsekten wie die Larven von →**Borkenkäfern** aus Rinde und morschem Holz. Dabei hilft auch die lange Zunge, die vier Zentimeter weit vorgestreckt werden kann. In Astlöchern oder Rindenritzen, sogenannten Spechtschmieden, werden Zapfen eingeklemmt, um an die Samen zu kommen. Teilweise frisst der Buntspecht auch die Jungvögel und Eier anderer Vögel. Im Frühjahr, wenn in den Bäumen der Saft steigt, ringeln Buntspechte die Bäume: Sie schlagen die Rinde um den Stamm solange in Spiralen an, bis sie die aus den Saftbahnen austretenden Tropfen ablecken können.

Schwarzspecht: Er baut viele Höhlen in dicke Buchen

Beim Schwarzspecht ist außer der roten Kopfplatte alles schwarz gefärbt. Mit bis zu 57 Zentimetern ist er unsere größte Spechtart. Der langgezogene Ruf »kliöh« ist über einen Kilometer und während des gesamten Jahres mit Ausnahme der Brut- und der Fütterungszeit gut zu hören. Der Schwarzspecht ernährt sich überwiegend von Insekten, vor allem von →**Waldameisen**. Seine Wohnung zimmert er meist in dicke →**Buchen**. Die Höhlen dienen ihm hauptsächlich als Schlafplatz. Morgens verlässt er seine Höhle erst nach Sonnenaufgang und fliegt sie abends vor Sonnenuntergang wieder an. Die Schlafhöhlen von Weibchen und Männchen liegen oft mehrere hundert Meter auseinander. Mitte April legt das Weibchen bis zu fünf

Eier in die Bruthöhle. Diese werden tagsüber abwechselnd von beiden Eltern, nachts jedoch nur vom Männchen bebrütet. Denn das Weibchen übernachtet in der eigenen Schlafhöhle. Nach 13 Tagen schlüpfen die nackten Jungvögel. Damit die Jungen ihre Kletterfähigkeiten trainieren können, überreichen ihnen die Eltern das Futter ab dem 24. Tag nur noch an der Außenseite der Höhle. Viele Tierarten, die größere Baumhöhlen benötigen, sind Nachnutzer des Schwarzspechts, beispielsweise Eulen, Dohle, Star, aber auch Fledermäuse.

Die Jungen des Schwarzspechts erhalten ihr Futter nur noch außerhalb der Höhle. So lernen sie klettern.

Grünspecht: der fliegende Zorro

Der Grünspecht ist am auffälligen Reviergesang zu erkennen. Beide Geschlechter tragen das laute »Lachen« aus bis zu 20 Silben vor, das auf einer Tonhöhe bleibt. Wenn man ihn zu Gesicht bekommt, fällt eine schwarze Gesichtsmaske auf, die vom Schnabel bis hinter die Augen reicht. Deshalb wird der Grünspecht auch als »Fliegender Zorro« bezeichnet. Das Gefieder ist oberseits dunkelgrün, die Unterseite hat eine graugrüne Farbe.

Zwei Grünspecht-Weibchen: »Fliegende Zorros« mit schwarzer Gesichtsmaske

Tanne

73

Bei der Königin der Nadelbäume stehen die Zapfen auf den Zweigen

Die Königin der Nadelhölzer galt vor 40 Jahren als vom Aussterben bedroht. Denn die Tanne, wegen ihrer hellen →**Borke** auch Weißtanne genannt, reagiert sehr empfindlich auf Schadstoffe in der Luft, besonders auf Schwefelverbindungen. Tannen haben deshalb eine große Bedeutung als Bioindikator zur Messung der Umweltverschmutzung. Wegen des großflächigen Sterbens der Tannen wurde in den 1970er-Jahren auch die Diskussion um das →**Waldsterben** durch Luftschadstoffe in Gang gesetzt. Andererseits bilden junge Tannen einen Festschmaus für →**Rehe** und →**Hirsche**. Das »Waldsterben von oben« durch Luftschadstoffe hat sich mittlerweile etwas gebessert, das »Waldsterben von unten« durch Wildverbiss dauert in vielen Wäldern noch an.

Tiefwurzler mit Storchennestkrone

An wüchsigen Standorten können in Deutschland Tannen bis 55 Meter hoch und bis 600 Jahre alt werden. Mit zunehmendem Alter reduziert sich das Höhenwachstum der Gipfeltriebe. Durch das anhaltende Längenwachstum der Seitentriebe sieht die Krone dann gestaucht aus, man spricht von einer »Storchennestkrone«. Das Wurzelwerk der Tanne dringt tief in den →**Waldboden**, ist aber eher schwach verzweigt. Dadurch ist die Tanne gut im Boden verankert und weniger gefährdet für →**Windwurf**.

Tannennadeln sind ein Leckerbissen für Rehe.

Die nicht stechenden Nadeln sind flach und an der Spitze nicht spitz wie bei der →**Fichte**, sondern abgerundet. Oberseits sind sie glänzend dunkelgrün, unterseits mit zwei weißen Wachsstreifen versehen. Sie bleiben bis zu 12 Jahre am Zweig.

Zapfen wie Kerzen auf den Zweigen

Tannen blühen meist erst ab einem Alter von 50 Jahren. Die aufrecht stehenden, weiblichen Blütenstände reifen zu Tannenzapfen heran. Im Gegensatz zur →**Fichte** stehen diese wie Kerzen auf den Zweigen. Nach der Samenreife ab Ende September fallen sie nicht als Ganzes ab, sondern zerbröseln in der Krone. Während die Samen zu Boden schweben, bleiben die nackten Spindeln wie Spieße noch länger auf den Zweigen stehen. Ein Tannenzapfen enthält etwa 50 keimfähige Samen. Beim Waldspaziergang sieht man auf dem Boden daher keine Tannenzapfen liegen, sondern die Zapfen der →**Fichte**. Ausnahmsweise kann eine Tannenkrone abgebrochen auf dem Waldboden liegen. Dann sollte man diese Seltenheit nutzen, Tannenzapfen ganz nah sehen zu können.

Das Wurzelwerk der Tanne dringt tief in den Boden ein und stabilisiert den Hang.

Das Holz der Tanne ist schwerer, dauerhafter und wetterbeständiger als Fichtenholz. Trotzdem schätzen Holzfirmen die Tanne wegen ihres »Nasskerns« nicht. Denn der zentrale Teil des Tannenstamms hat einen relativ hohen Feuchtigkeitsgehalt. Die tannengrünen Äste sind bei uns als Schmuckreisig sehr beliebt. Zahlreiche Tierarten finden in und an der Tanne ihren Lebensraum, beispielsweise der Tannenhäher oder die Tannenmeise. Mit trockenen Sommern kommt die Tanne besser zurecht als alle anderen Nadelbaumarten. Deshalb wäre sie der Waldbaum der Zukunft. Wenn nur die Rehe und Hirsche sie nicht so gerne fressen würden!

Umtriebszeit

74

Wie alt darf ein Wald werden?

Nach wie vielen Jahren sollte aus wirtschaftlicher Sicht →**Holz** geerntet werden? Seit über 200 Jahren bemühen sich namhafte Forstwissenschaftler um die richtige Antwort auf diese Frage. Die Umtriebszeit bezeichnet in der Forstwirtschaft den zu erwartenden Zeitraum von der Pflanzung eines →**Waldbestands** bis zur Endnutzung des Holzes. Sollte der Bestand also besser nach 60, 100 oder 150 Jahren vollständig geerntet sein?

Dieser Begriff ist eng an eine schematische Forstwirtschaft gebunden. Die Umtriebszeit legt für jede Baumart die planmäßige durchschnittliche Produktionsdauer fest. Sie stellt eine der wichtigsten forstlichen Entscheidungsgrößen dar. Die Dauer der Umtriebszeit bestimmt über die Struktur der Wälder und über die zu erntenden Produkte.

140 Jahre beträgt bei der Buche die übliche Umtriebszeit.

Der Zieldurchmesser ist entscheidend

Entscheidungskriterien für die Umtriebszeit sind der gewünschte Zieldurchmesser, der Holzpreis, die Erträge nach Abzug der Fäll- und Transportkosten sowie der Kalkulationszinssatz. Übliche Umtriebszeiten im normalen Forstbetrieb sind für die relativ schnell wachsende →**Fichte** 80 Jahre und für die langsamer wachsende →**Buche** 140 Jahre sowie für die →**Eiche** 180 Jahre.

Mit zunehmendem Alter steigen die Risiken

Im Rahmen der in Deutschland mittlerweile üblichen naturnahen Forstwirtschaft hängt die Umtriebszeit überwiegend vom Zieldurchmesser jeder Baumart ab. Die Umtriebszeit bis zum Erreichen eines gewünschten Zieldurchmessers muss nicht nur die Wirtschaftlichkeit eines Waldbestandes oder Einzelbaumes betrachten, sondern auch die Risiken von Schäden durch →**Windwurf** und Insektenbefall im Blick haben. Beispielsweise erhöht sich mit zunehmendem Alter das Volumen eines Einzelbaumes beziehungsweise der Vorrat eines Bestandes. Andererseits stellt die zunehmende Baumhöhe die wichtigste Größe zur Erklärung von Sturmschäden dar. Angesichts der mit dem Alter steigenden Risiken führen höhere Umtriebszeiten nicht unbedingt zu maximalen ökonomischen Überschüssen. Die Berücksichtigung von Risiken führen deshalb zu niedrigeren Umtriebszeiten. Deshalb sieht man in deutschen Wäldern außerhalb von →**Nationalparks** und **Naturwaldreservaten** nur selten Bäume, die wesentlich älter als 100 Jahre sind.

Wie alt darf dieser Eichenkeimling werden?

Wird die Umtriebszeit allein nach dem höchsten Massenertrag betrachtet, sind die Umtriebszeiten deutlich kürzer. In →**Kurzumtriebsplantagen** werden Bestände bereits nach wenigen Jahren geerntet. Die Umtriebszeit kann dann auch nur 10 Jahre betragen. In Relation zu einem Acker, der jedes Jahr bereits nach wenigen Monaten geerntet und gepflügt wird, erscheinen 10 Jahre schon relativ lang.

Die forstliche Umtriebszeit dient in der heutigen forstlichen Praxis in Mitteleuropa mangels besserer Berechnungsgrundlagen weiterhin als Rechengröße auch für die steuerliche Bewertung eines Forstbetriebs.

Urwald

75

Nur noch die letzten Reste

Urwälder sind Waldökosysteme, die sich unberührt von Menschen entwickeln konnten und noch nie bewirtschaftet wurden. Ein Urwald unterscheidet sich von einem Wirtschaftswald dadurch, dass immer alle Lebensphasen nebeneinander vorhanden sind und länger andauern. Das Alter der Bäume ist dort deutlich höher, die Strukturen sind meist vielfältiger und die Menge des Totholzes ist wesentlich höher. Diese Naturräume stellen Rückzugsgebiete für viele Tier- und Pflanzenarten dar. Waldstandorte mit einer jahrhundertelangen Kontinuität sind bei uns inzwischen extrem selten geworden.

Seit dem 12. Jahrhundert gibt es in Deutschland kaum noch ursprünglichen, naturbelassenen Wald. Bereits Anfang des 14. Jahrhunderts waren große Waldflächen ausgebeutet und verwüstet. Von einem radikalen Bestockungswandel verschont blieben fast nur abgelegene Gebirgswälder. Sie sind heute die letzten Urwälder in Deutschland. Urwaldähnliche, naturnahe Relikte minimaler Größe liegen zum Beispiel im Nationalpark Bayerischer Wald und heißen »Höllbachgspreng« und »Mittelsteighütte«.

Seit 7.000 Jahren Landwirtschaft

Wegen des ständigen Klimawandels in den letzten 12.000 Jahren ist nicht so klar, wie der Urwald in Deutschland ausgesehen hat. Die Rekonstruktion der Vegetationsgeschichte Europas resultiert vor allem aus Pollenanalysen. Der Großteil Mitteleuropas war demzufolge seit 9000 vor Christus von Birken- und Kiefernwäldern bewachsen. 2.000 bis 3.000 Jahre später dominierten Eichen in Mitteleuropa, seit 2000 vor Christus beherrschten Buchen das Land. Ab 5000 vor Christus wurden einzelne Flächen durch den Menschen als landwirtschaftliche Nutzflächen offengehalten. Man geht davon aus, dass Rodungen und Waldweide die Wälder immer weiter öffneten. Spätestens bei der Ankunft der Römer gab es viele vom Menschen geprägte Kulturlandschaften in Mitteleuropa. Diese waren aber noch von dichten Wäldern und Mooren umgeben.

Vielfältige Strukturen im Urwald

Ökonomisch orientierte →**Umtriebszeiten** lassen Waldbäume nicht alt werden. Denn erst ab einem Alter von über 180 Jahren bei der →**Buche** und über 300 Jahren bei der →**Eiche** kommt es zur Ausbildung von für Urwälder typischen Strukturen mit Alters- und Zerfallsphasen. Je älter ein Baum wird, desto vielfältiger wird sein Strukturangebot: Höhlen, Vogel-, Säugetier- und Insektennester, verschiedene Holzpilze, →**Flechten**, →**Misteln**, Zonen zwischen intaktem Holz und Faulholz, Spalten und Risse, alte Bohrgänge, starkes Ast- und Kronentotholz. Dies alles bietet Lebensraum für eine artenreiche Tierwelt.

Alte Bäume sind ein stabiler Lebensraum. Deshalb sind viele ihrer Bewohner hinsichtlich ihrer Biologie sehr konservativ. Geringe Reproduktionsraten und geringe Ausbreitungsfähigkeit, das alles war im Urwald mit seinem kontinuierlichen Angebot an Bäumen der Alters- und Zerfallsphase ausreichend. Die über 200-jährige Erforschung →**xylobionter Käfer** erlaubt es, Waldgebiete zu identifizieren, die noch Reste der ursprünglichen Habitattradition aufweisen. Der seltene Eremit besiedelt beispielsweise Einzelbäume über hunderte von Jahren. Das Fällen einer Eiche, die Lebensraum des Eremiten oder →**Hirschkäfers** ist, kann deshalb unter Umständen das Ende einer im Gebiet seit Jahrtausenden existierenden Käfertradition bedeuten.

Urwald bietet Lebensräume für viele Arten.

Verkehrssicherungspflicht im Wald

76

Wer ist für die Gefahren im Wald verantwortlich?

Jeder, der Gefahrenquellen schafft, muss sich darum kümmern, dass niemand dadurch gefährdet wird. Dies ist der Grundgedanke der Verkehrssicherungspflicht. Wer sich allerdings unbefugt in einen Gefahrenbereich begibt, hat keinen Anspruch auf diese besondere Absicherungspflicht. Die Waldgesetze der Bundesländer gestatten grundsätzlich das Betreten des Waldes auf eigene Gefahr. Der Waldbesitzer muss jedoch keine besonderen Vorkehrungen gegen die typischen Gefahren des Waldes treffen. Im bewirtschafteten →**Waldbestand** trifft den Waldbesitzer keine Verkehrssicherungspflicht und damit auch keine Haftung beispielsweise für Gefahren, die von herabhängenden Zweigen, herunterfallenden Zapfen oder hervorstehenden Wurzeln für den Waldbesucher ausgehen.

Mit waldtypischen Gefahren rechnen

Wer den Wald betritt, muss demnach mit diesen Gefahren rechnen, insbesondere bei extremen Witterungsbedingungen wie Sturm oder starkem Regen. Ein Waldbesucher muss sich im Wald umsichtig verhalten und erkennbare Gefahren meiden. Andererseits muss der Waldbesitzer die Gefahren, mit denen der Waldbenutzer nicht rechnen kann, beseitigen. Er muss die Besucher aufgrund seiner Verkehrssicherungspflicht vor atypischen Gefahren schützen. Atypisch sind die vom Waldbesitzer selbst geschaffenen Gefahrenquellen.

Die Verkehrssicherungspflicht steigt

Mit der Zunahme des Besucherverkehrs trifft den Waldbesitzer entlang der Wege eine steigende Verkehrssicherungspflicht, wenn die Wege zum Waldspaziergang angelegt oder sogar ausgebaut wurden. Aber auch auf den Wanderwegen muss der Waldbesucher mit den typischen Gefahren, die von Bäumen ausgehen, rechnen und für seine Sicherheit selbst sorgen. Mit steigendem Besucherverkehr gilt die Pflicht zur Kontrolle der am Weg stehenden und aller Bäume, die auf den Weg stürzen könnten. Entlang von Waldwegen müssen die Bäume anhand von äußerlichen Baummerkmalen kontrolliert werden.

Der Waldbesitzer muss nur solche waldtypischen Gefahren beseitigen, die »über das übliche und erwartete Maß hinausgehen«, wie es so schön in Gerichtsurteilen zu lesen ist. Er muss deshalb auch nicht das Totholz der Bäume entlang der Wege entfernen. Erst wenn es sich um eine akute Gefahr beispielsweise durch den drohenden Umsturz eines pilzbefallenen Baumes handelt und der Waldbesucher als Laie diese Gefahr nicht erkennen kann, muss der Waldbesitzer Sicherungsmaßnahmen ergreifen. Der verkehrssicherungspflichtige Waldbesitzer muss demnach solche Gefahren beseitigen, die er als Fachmann erkennen kann, die aber einem Laien unbekannt sind, der sich deswegen auf die Gefahren nicht einstellen kann.

Diese Verpflichtung besteht im Waldbestand nicht. Wer also im Wald abseits der Wege Pilze sammelt, setzt sich höheren Gefahren aus als entlang eines Wanderwegs, wo die Bäume überprüft werden.

Wer sich unter alte Eichen stellt, muss damit rechnen, dass Baumteile herabfallen.

Wald definiert

77

Nicht alles, wo Bäume draufstehen, ist Wald

Oft bin ich schon gefragt worden: Wann ist ein Wald eigentlich ein Wald? Die Kurzantwort lautet: Wenn die Bäume so zahlreich stehen, dass sich ein typisches Waldinnenklima entwickelt. Typische Kennzeichen sind ausgeglichenere Temperaturen, geringere Luftbewegungen und reduzierte Lichtintensität sowie eine höhere Luftfeuchtigkeit. Unter einer Flächengröße von 1.000 Quadratmetern kann sich kaum ein derartiges Klima entwickeln. Ein Garten mit Bäumen gilt daher erst dann als Wald, wenn dieses typische Waldinnenklima existiert.

Das deutsche Bundeswaldgesetz definiert Wald offiziell als jede mit Forstpflanzen bestockte Grundfläche. Gesetzlich gelten aber auch kahlgeschlagene Flächen, Waldwege, Waldeinteilungsstreifen, Lichtungen, Wald-

Waldwege sind Bestandteil des Waldes.

wiesen, Wildäsungsplätze und Holzlagerplätze als Wald, wenn sie mit Wald verbunden sind.

Nicht als Wald gelten Flächen mit Baumbestand, auf denen gleichzeitig landwirtschaftliche Produkte angebaut werden. Auch Baumschulen, Weihnachtsbaum- und Schmuckreisigkulturen, aber auch →**Kurzumtriebsplantagen** gelten nicht als Wald. Im Zweifelsfall entscheidet die Forstbehörde darüber, ob es sich um Wald handelt oder nicht. Die Waldfläche in Deutschland umfasst 114.000 Quadratkilometer. Dies sind rund 32 Prozent der Landesfläche.

Unabhängig von dieser Waldgesetzdefinition für Deutschland spricht die Ernährungs- und Landwirtschaftsorganisation der Vereinten Nationen von Wald, wenn die Bäume im gemäßigten Klima mindestens 7 Meter hoch sind und wenigstens 10 Prozent des Bodens durch Baumkronen überschirmt sind. Wälder brauchen für ihre Existenz je nach Temperatur eine bestimmte minimale Niederschlagsmenge. Fällt weniger Niederschlag, geht der Wald in eine Trocken-Savanne oder Steppe über.

Auch Holzlagerplätze gelten als Wald.

Waldameise

78 Waldpolizei oder Waldschädling?

Die Biomasse aller Ameisen auf der Erde soll bei Weitem größer sein als jene aller Menschen. In deutschen Wäldern dominieren die Große Rote Waldameise und die Kleine Rote Waldameise. Sie lassen sich anhand der Anzahl und Größe der Nester unterscheiden. Die Große Rote Waldameise baut einen großen Nesthügel, die Kleine Rote Waldameise, auch Kahlrückige Waldameise genannt, baut hingegen mehrere kleine Nester. Darin leben bis zu 1.000 Königinnen. Durch diese Lebensweise können solche Kolonien viele Jahrzehnte bestehen. Dagegen sichert im Nest der Großen Roten Waldameise nur eine Königin das Überleben des Volkes. Stirbt sie, so stirbt mit ihr das ganze Ameisenvolk. Denn das Volk ist auf den Duft dieser einen Königin geprägt. Alles, was einen anderen Duft trägt, wird als Feind wahrgenommen.

Läuse schützen und melken

Unsere Waldameisen ernähren sich zu rund zwei Dritteln von Honigtau und zu einem Drittel von Insekten und Spinnen. Honigtau ist das zuckerhaltige Ausscheidungsprodukt von Blatt-, Schild- und Wurzelläusen. Diese Läuse verarbeiten nur einen geringen Teil der Säfte, die sie aus den Pflanzen saugen. Ameisen können die Läuse gezielt melken. Dazu trommelt die Ameise sanft auf den Hinterleib der Laus, diese hebt das Hinterteil und scheidet den Honigtau aus. Diese Süßigkeit transportiert die Ameise im Kropf zum Nest. Läuse und Ameisen stehen dabei in einer sich gegenseitig Vorteil bringenden Symbiose. Die Ameisen halten den Läusen die Feinde fern und erhalten dafür den Honigtau. Neben dem Schutz profitiert die Laus von der Ameise auch dadurch, dass die klebrigen Ausscheidungen sich nicht anhäufen. Denn ein sauberes Hinterteil schützt vor der Besiedlung durch Pilze und Bakterien.

Waldameisen ernähren sich zu zwei Dritteln von Honigtau.

In der Umgebung von Ameisennestern gibt es deutlich weniger Insekten als weiter weg.

Ein Ameisenvolk vertilgt während einer Vegetationszeit viele Millionen Insekten. In der Nähe von Ameisennestern sind daher wesentlich weniger Insekten als in der weiteren Umgebung zu finden. Waldameisen helfen in Zeiten hohen Schädlingsbefalls, diesen einzudämmern. Damit machen sie ihrem Ruf als kleine Waldpolizei alle Ehre. Waldameisen vertilgen jedoch nicht nur Schadinsekten wie etwa →**Borkenkäfer**, sondern auch seltene, bedrohte Insektenarten. Damit erhöhen Waldameisen den Gefährdungsgrad dieser seltenen Arten.

Früher wurden über Ameisenhaufen Schutzhauben gebaut, um Feinde wie →**Spechte** oder Dachse abzuwehren. Diese Maßnahme war jedoch nur kurzzeitig nützlich, denn mit wachsender Größe des Ameisenhaufens wuchsen Draht und Holzkonstruktionen in den Ameisenbau ein. Niederschlagswasser konnte entlang der Bauteile in das Innere des Ameisenhaufens eindringen und so das Ameisenvolk schädigen. Auch der verzinkte Draht wurde langfristig durch das saure Regenwasser ausgewaschen.

Eine fette Belohnung für die Samenverbreitung

Viele →**Blumen** des Waldes besitzen fettreiche Anhängsel, Elaiosom genannt. Für die Verbreitung der Samen erhalten die Ameisen das Elaiosom als Belohnung. Im Ameisenbau trennen sie das Elaiosom vom Samen und schleppen anschließend den Samen wieder aus dem Nest. Viele Pflanzen, die so auf Ausbreitung ihrer Samen durch Ameisen eingerichtet sind, wachsen vorwiegend in ameisenreichen Wäldern. Schneeglöckchen, Lerchensporn, viele Veilchen-Arten und das Leberblümchen bilden an ihren Samen Elaiosomen aus.

Waldarbeiter

79

Einer der gefährlichsten Jobs

Bei fast jedem Wetter sind sie draußen im Wald, sie beherrschen Motorsäge, Axt und den Fällkeil gleichermaßen und dies auch an steilen Hängen und in unwegsamem Gelände: die Waldarbeiter. Früher wurden die im Wald Arbeitenden »Holzhacker« genannt, heute heißen sie offiziell Forstwirte. Der Waldarbeiter führt fast alle handwerklichen Tätigkeiten im Forstbetrieb aus. Zu den Aufgabenfeldern gehören: die →**Holzernte** mit der Motorsäge, die Pflanzung von Bäumen, das Erschließen und Pflegen der →**Waldbestände**, der Unterhalt von →**Forstwegen**, das Bauen und Instandsetzen von Zäu-

Waldarbeiter in vollständiger Schutzausrüstung beim Fällen mit der Motorsäge

nen und Walderholungseinrichtungen sowie der Bau und die Pflege von Biotopen im Wald.

Durch den Einsatz von motorisierten Maschinen wie →**Harvester** und →**Forwarder** findet die Waldarbeit seit den 1990er-Jahren auch in Deutschland zunehmend im industriellen Maßstab statt. Die klassischen Tätigkeiten der Waldarbeiter werden immer mehr zurückgedrängt. Lediglich bei der Ernte von Langholz kommt die manuelle Arbeit des Forstwirts noch überwiegend zum Zuge.

Arbeitssicherheit und Qualifizierung sehr wichtig

Bei Arbeit im Akkordlohn, also Bezahlung pro →**Festmeter**, entspricht der Energieumsatz des Waldarbeiters dem eines Spitzensportlers. Bei dieser schweren und äußerst gefährlichen Tätigkeit geschehen oft schwere Unfälle. Der Anteil tödlicher Arbeitsunfälle ist bei der Waldarbeit dreimal so hoch wie in der Bauwirtschaft. Um Unfälle zu vermeiden, wird großer Wert auf die Arbeitssicherheit gelegt. Eine qualifizierte Ausbildung zu Arbeitssicherheit, Maschinenkunde und Fälltechniken ist daher dringend notwendig. Die gesetzlichen Unfallverhütungsvorschriften müssen eingehalten werden. Eine vollständige Schutzausrüstung aus Helm mit Augen- und Ohrenschutz, Schnittschutzhose, Arbeitsschutzhandschuhen und Arbeitsschuhen muss getragen werden.

Trotzdem kommt es zu schlimmen Unfällen, die schnelle Hilfe erfordern. Mit der »Rettungskette Forst« existiert in einigen Bundesländern ein System von Rettungspunkten. Dort erleichtern nummerierte Anfahrpunkte den Rettungskräften das Auffinden der Arbeiter im Wald.

Motorsägen verursachen die Weißfingerkrankheit

Das Arbeiten mit vibrierenden Motorsägen kann die Weißfingerkrankheit auslösen. Dieses Phänomen beginnt mit blasser Haut, weil sich die Arterien verengen. Durch die schlechte Durchblutung können Gefühllosigkeit, Kältegefühl, Taubheitsgefühl, abnehmende Beweglichkeit und Schmerzen auftreten. In Reaktion auf die Minderversorgung des Gewebes weiten sich die Venen. Dem angesammelten venösen Blut ist vom Gewebe mehr Sauerstoff entnommen als sonst, was sich in einer bläulichen Verfärbung zeigt. Oft kommt es anschließend zu geröteter Haut. Denn die Finger werden vermehrt durchblutet mit Rötung und Schwellung, Kribbeln, Klopfen, Hitzegefühl und Schmerzen.

Wenn Waldarbeiter Bäume fällen, dann sieht man hinterher an den Stümpfen eine Stufe. Die untere Stufe zeigt dorthin, wohin der Stamm gefällt wurde.

Waldbaden

Plantschen in Licht, Luft, Duft und Stille

80

Waldbaden ist nichts anderes als gemütliches Spazierengehen im Wald und an schönen Stellen verweilen. Man »badet« in der Waldluft, taucht ein in die Fluten der Waldfeuchte und genießt dieses tolle Erlebnis. Die meisten Menschen, die regelmäßig im »Wald baden«, sind sich dessen nicht bewusst. Sie machen es intuitiv, weil sie spüren, dass es ihnen guttut. Die Japaner verknüpfen den Besuch des Waldes mit Atemtechniken, sanfter Bewegung und Meditation, und nennen es Shinrin-yoku, übersetzt »Waldbaden«. Beim Waldbaden entschleunigt man und fühlt sich entspannter, konzentrierter, fitter und lebendiger. Wenn man um die Vorteile weiß, die die Wissenschaft herausgefunden hat, kann man noch bewusster in den Wald gehen.

Abwehrstoffe von Pflanzen stärken uns

Forscher haben verschiedene Stoffe nachgewiesen, die für die Pflanzen Abwehrstoffe darstellen, uns jedoch beim Waldbesuch stärken. Diese Phytonzide sind von Pflanzen produzierte Schädlingsbekämpfungsmittel. Beispielsweise enthalten die Harze von Nadelbäumen Terpene, die als natürliches Herbizid eingesetzt werden, um Pflanzenkonkurrenten zurückzudrängen. Terpene wirken auf uns antibakteriell und entzündungshemmend. Die Konzentration der Terpene steigt ab April an und erreicht ihr Maximum im Sommer. Im Waldesinneren und in Bodennähe ist sie höher als am Waldrand oder in den Baumwipfeln. Bei feuchtem Wetter, nach Regen und bei Nebel befinden sich außerdem ebenfalls besonders viele Terpene in der Waldluft.

Was passiert in unserem Körper beim Waldbaden?

Während eines Aufenthaltes im Wald wird der Mensch mit all seinen Sinnen angesprochen. Die Augen empfangen unterschiedliche Lichtverhältnisse, zumeist Dämmerlicht wegen der vielen Bäume. Der Geruchssinn nimmt Aromastoffe wahr, wie den Geruch von →**Holz**, →**Pilzen** oder Erde. Im Wald atmen wir Phytonzide und Terpene ein. Im Wald hört man ungewohnte Geräusche wie Vogelstimmen, das Rascheln der Blätter oder das Plätschern eines Baches. Mit den taktilen Sensoren der Hände und Füße können Rinden, Blätter oder Moose erspürt werden. Beim Barfußlaufen werden der Waldboden und die Bodenvegetation mit den Füßen

Unterschiedliche Lichtverhältnisse und Geräusche wie das Plätschern des Bachs stärken unsere Gesundheit.

erspürt. Der Geschmackssinn wird durch das Probieren von Beeren angesprochen. Alle Bestandteile des Waldes – Pflanzen, Bäume, Rinde, Holz, Waldboden – tun unserer Psyche gut.

Forschungsarbeiten stellten fest, dass sich bei einem Spaziergang durch den Wald Blutdruck, Herzfrequenz, Lungenkapazität und Elastizität der Arterien signifikant verbesserten. Der Pegel des Hormons Adrenalin sinkt und die Schlafqualität wird besser.

Die gefilterte Luft und die höhere Luftfeuchtigkeit entlasten die Atemwege und die niedrigeren Lufttemperaturen steigern die körperliche Leistungsfähigkeit. Die unterschiedlichen Lichtverhältnisse führen zur Verbesserung von Stimmung und vermitteln Geborgenheit.

Um die Heilkräfte des Waldes optimal zu nutzen, sollte man mindestens zwei Stunden im Wald bleiben und dabei eine Strecke von mindestens zwei Kilometern zurücklegen. Man sollte sich einen Platz suchen, der einem angenehm ist und an dem man sich wohlfühlt, und dort entspannen. Bereits ein Tag im Wald lässt die Anzahl der körpereigenen Abwehrzellen im Blut deutlich ansteigen. Der Effekt hält etwa sieben Tage an. Bei einem Aufenthalt von mindestens zwei Tagen bleiben eine erhöhte Anzahl und Aktivität dieser Killerzellen bis zu 30 Tage nachweisbar.

Waldbau

81

Die Königsdisziplin des Försters

Was der Ackerbau für den Landwirt, ist der Waldbau für den →**Förster**. Den Begriff Waldbau prägte der Forstwissenschaftler Heinrich Cotta bereits vor 200 Jahren. Diese klassische Disziplin der Förster hat zum Ziel, die Waldbestände und Einzelbäume so zu beeinflussen, dass alle →**Waldfunktionen** möglichst optimal erfüllt werden. Die waldbaulichen Maßnahmen sollen naturnahe, stabile und leistungsfähige Waldbestände erhalten und entwickeln. Ziel ist es, unter Erhaltung der biologischen Prozesse alle Früchte des Waldes, nicht nur Holz, dauerhaft zu nutzen. Meistens stehen für den Waldbesitzer die Wertsteigerung der Bäume und die Stabilität gegen Naturgefahren im Vordergrund.

Waldbau steuert die Struktur, Artenzusammensetzung und Dynamik von Waldökosystemen. Das Erscheinungsbild eines →**Waldbestands** ist meist das Ergebnis von gezielten waldbaulichen Maßnahmen. Bei →**Durchforstungen** werden beispielsweise die →**Z-Bäume** eines Bestands von den bedrängenden Nachbarn freigestellt. Oft werden gezielt →**Lichtbaumarten**

Nach einem Kahlhieb wurden vom Waldeigentümer Fichten gepflanzt.

Buche verjüngt sich nach einem Schirmhieb natürlich.

wie →**Eiche** oder Lärche gefördert. Auch das Freistellen seltener Baumarten oder von Biotopbäumen kann Ziel des Waldbaus sein.

Es existieren verschiedene waldbauliche Verfahren, wie ein hiebsreifer Waldbestand geerntet werden und ein neuer junger Wald nachwachsen kann. Wird ein alter Waldbestand auf größerer Fläche durch einen gleichzeitigen Hieb, den Kahlhieb, genutzt, so nennt der Förster das Ergebnis »Kahlschlag«. Das waldtypische Innenklima ist beim Kahlschlag nicht mehr vorhanden. Auch das Belassen einzelner Bäume verändert den Kahlschlagcharakter nicht. Als Schirmschlag, oder Schirmhieb, wird in der Forstwirtschaft eine Art der →**Holzernte** bezeichnet, bei der das Kronendach eines Bestandes durch Entnahme einzelner Bäume aufgelichtet wird.

Plastikmanschetten schützen frisch gepflanzte Tannen vor Verbiss- und Fegeschäden.

Waldbestand

82

Die Forstwirtschaft plant und arbeitet mit der kleinsten Einheit

Der Waldbestand ist die kleinste Einheit im →**Waldbau**. Er lässt sich räumlich anhand von →**Forststraßen** und Eigentumsgrenzen oft klar abgrenzen und ist meistens wenige Hektar groß. Er gleicht sich hinsichtlich Alter und Baumart beziehungsweise Baumartenmischung und unterscheidet sich deutlich von benachbarten Beständen. Besteht der Bestand aus nur einer Baumart, spricht man von einem Reinbestand, bei mehreren Baumarten von einem Mischbestand. Ein Waldbestand kann zum Beispiel ein »30-jähriger Fichten-Buchen-Mischbestand mit einzelnen Eichen« oder ein »50- bis 70-jähriger Buchenreinbestand mit einzelnen Kiefern« sein.

20-jähriger Fichten-Reinbestand (links) und ungleichaltriger Eichen-Hainbuchen-Mischbestand (rechts)

Einschichtiger Fichten-Reinbestand mit Lücke

Die Bestandsgrenzen dienen der waldbaulichen Planung und Durchführung von Maßnahmen, zum Beispiel bei einer →**Durchforstung**.

Die Bestandsschichten bilden die vertikale Gliederung des Waldbestandes. Verschiedene Bestandsschichten eines Bestandes haben im Kronenraum keinen Kontakt zueinander. →**Förster** unterscheiden die Bestandsschichten nach ihrer waldbaulichen und wirtschaftlichen Bedeutung. Hauptbestand ist meist die oberste Bestandsschicht mit dem wirtschaftlichen Hauptgewicht. Ist der Bestand stark strukturiert, kann man ihn in der Beschreibung in einen flächig dominierenden Hauptbestand und einen oder zwei Nebenbestände aufteilen. Zum Nebenbestand zählen dann Bäume, die keinen Kontakt zum Kronenraum des Hauptbestandes haben. Diese Bäume aus dem Unter- oder Mittelstand können rein pflegenden Charakter haben oder bereits der Beginn der neuen Waldgeneration sein. Ein Fichten-Bestand kann beispielsweise einen Buchen-Nebenbestand in der Unterschicht haben.

Die Schichten bereichern die Struktur des Waldes, bieten Lebensraum und sind wichtig für den aktuellen Wert und die zukünftige Entwicklung des Waldes.

Waldboden

83

Die Basis für alle Pflanzen

Boden ist die Voraussetzung für das Wachstum von Pflanzen. Seine wichtigsten Funktionen sind die Verankerung der Wurzeln sowie die Versorgung der Pflanzen mit Nährstoffen und Wasser. Die Eigenschaften des Waldbodens hängen ab von Ausgangsgestein, Klima, Hangneigung, Wasser und der Aktivität der Bodenlebewesen. Die chemischen und physikalischen Eigenschaften werden durch die Bodenart bestimmt. Die Bodenart wird nach dem Anteil der verschiedenen Korngrößen benannt. Man unterscheidet Ton (bis 0,002 mm), Schluff (0,002–0,063 mm), Sand (0,063–2 mm) und Kies (ab 2 mm). Lehm ist ein Gemenge aus Sand, Schluff und Ton. Beim Lehm gewährleistet das günstige Verhältnis von Grob-, Mittel- und Feinporen eine gute Wasser- und Sauerstoffversorgung der Pflanzen. Deshalb sind Lehmböden gut durchwurzelbar.

Unsere Wälder wachsen zwischen den beiden Extremen Sandboden und Tonboden. Meistens bestehen Böden aus gemischten Körnungen wie beispielsweise lehmigem Sand oder schluffigem Ton. Sandböden sind grobporig, was eine starke Durchlüftung und Wasserbeweglichkeit sichert. Andererseits sind mangels ausreichender Fein- und Mittelporen die Wasserhaltefähigkeit und Nährstoffspeicherung gering. Deshalb neigen Sandböden zu Trockenheit. Sie werden von den Bäumen gut durchwurzelt. Im Gegensatz dazu besitzen Tonböden wegen der vielen Feinporen ein hohes Wasserhaltevermögen. Die Gefahr von Nährstoffauswaschung ist gering, jedoch kann es wegen der Wassersättigung der Feinporen zu Sauerstoffmangel kommen.

Bodenhorizonte haben sich über Jahrtausende gebildet

Wenn man mit dem Spaten 30 bis 40 Zentimeter in den Boden sticht und ein Loch aushebt, kann man mehrere Horizonte erkennen. Diese sind durch bodenbildende Prozesse über Jahrtausende im Waldboden entstanden. Der A-Horizont ist der oberste Bodenbereich, der unter Einarbeitung der organischen Substanz dunkel gefärbt ist. Der B-Horizont ist dagegen ein durch Verwitterung, oft auch durch Stoffzufuhr geprägter Horizont. Der C-Horizont besteht aus kaum verwittertem Ausgangsmaterial.

Ganz oben auf liegt die Streu mit den Resten von Pflanzen und Tieren. Je nach Vegetation und Lebensbedingungen der Bodenorganismen liegt

Humus in verschiedenen Formen vor. Je mehr Stickstoff in der Auflage enthalten ist, desto besser wird diese Humusschicht. Bei den Humusformen wird unterschieden zwischen Mull, Moder und Rohhumus.

Mull, Moder oder Rohhumus

Mull ist die beste Humusform für die Pflanzen. Denn die Streu wird rasch in Huminstoffe umgesetzt. Die schnelle Umsetzung wird von einem günstigen Verhältnis von Kohlenstoff zu Stickstoff in der Laubstreuauflage gefördert. In lichten Buchenwäldern geht die Laubauflage sehr schnell in den humosen Mineralboden über. Aus Buchenlaub entstehender Mull ist außerdem ein ideales Keimbett für andere Baumarten.

Moder klingt nach Fäulnis und Schimmel. Der Boden schimmelt jedoch nicht, aber die Zersetzungsprozesse verlaufen im Moder relativ langsam. Bodenorganismen wie der Regenwurm sind zwar vorhanden, allerdings in geringerer Zahl als im Mull. Die gebildeten Huminstoffe können von der Pflanze noch relativ gut aufgenommen werden.

Wird die Streu nur unvollständig zersetzt, spricht man von Rohhumus. Denn Bodenorganismen meiden das saure Bodenmilieu. Nadeln, Blätter und andere Pflanzenreste sind noch gut zu erkennen. Rohhumus entsteht oft unter Fichten, weil die Nadeln und kleinen Äste wegen des hohen Gehalts an Kohlenstoff und wenig Stickstoff nur schlecht zersetzt werden.

Zwischen der Streuauflage aus Buchenlaub gedeihen im Frühling Leberblümchen.

Waldeigentümer

84

Wem gehört der Wald, durch den wir spazieren?

Die →**Forstwirtschaft in Deutschland** unterscheidet drei Eigentumsarten von Wald: Privatwald, Körperschaftswald und Staatswald. Zum Staatswald gehört der Wald der Bundesländer, aber auch der Wald des Bundes und der Treuhand. Die bundeseigene Bodenverwertungs- und -verwaltungsgesellschaft hat den Auftrag, Treuhandwald zu privatisieren. Dieser Wald wurde einst im Zuge der Bodenreform in der DDR enteignet und in Volkseigentum überführt. Körperschaftswald ist Wald, der im Eigentum von Städten und Gemeinden und von ihnen verwalteten öffentlichen Stiftungen steht.

48 Prozent von 114.000 Quadratkilometern Wald gehören Privatleuten. Dabei gibt es erhebliche regionale Unterschiede. In Hessen beträgt der Anteil des Privatwaldes nur 24 Prozent, in Nordrhein-Westfalen dagegen sogar 67 Prozent. Privatwald ist in Deutschland überwiegend klein strukturiert und zersplittert. Rund die Hälfte der Privatwälder ist kleiner als 20 Hektar Fläche. Nur 13 Prozent des Privatwaldes gehören Betrieben mit einer Größe über 1.000 Hektar. Die Kleinwaldflächen in Privatbesitz sind vielfach durch Erbteilung oder Aufforstung landwirtschaftlicher Flächen entstanden.

»KW« bedeutet »königlicher Wald« in Bayern. Heute ist er Staatswald und gehört allen Bürgern.

Auch Waldbesitzer müssen Steuern bezahlen. In Deutschland ist deren Besteuerung im Einkommenssteuergesetz geregelt. Sobald ein Waldeigentümer Holz erntet und dabei Einkommen erzielt, muss er einen Teil an den Staat abgeben. Hat ein Waldbesitzer aufgrund von Dürre, Sturm oder Insektenbefall einen erheblichen Schaden zu beklagen, greift die Regelung der sogenannten »Kalamitätsnutzung«.

Waldfläche

85

Das grüne Drittel Deutschlands

Im deutschen Wald stehen rund 90 Milliarden Bäume auf einer Fläche von 114.000 Quadratkilometern. Das entspricht knapp einem Drittel der Gesamtfläche Deutschlands. Dies sind über 1.000 Bäume pro Einwohner. Damit ist Deutschland das waldreichste Land Mitteleuropas. Dank einer nachhaltigen Bewirtschaftung ist die Waldfläche trotz intensiver wirtschaftlicher Nutzung seit dem 2. Weltkrieg außerhalb der Ballungsräume stetig gewachsen. Die Waldfläche hat in den letzten 50 Jahren um mehr als 15.000 Quadratkilometer zugenommen.

Im deutschen Wald stehen rund 1.000 Bäume pro Einwohner.

Auch in allen Bundesländern nimmt die Waldfläche weiter zu. Einen überdurchschnittlichen Waldanteil haben die Bundesländer Rheinland-Pfalz und Hessen mit jeweils 42 Prozent der Landesfläche. Demgegenüber erreicht Schleswig-Holstein nur 11 Prozent.

→**Fichte** und →**Kiefer** wachsen auf der Hälfte der Waldfläche. →**Buche** und →**Eiche** machen ein Viertel der Waldfläche aus. Auf →**Ahorn**, →**Birke**, →**Esche**, →**Douglasie** und Lärche entfallen zusammen weitere 17 Prozent. Insgesamt wachsen in deutschen Wäldern 76 verschiedene Baumarten.

Die Bundeswaldinventur erhebt alle paar Jahre an rund 60.000 Messpunkten rund 150 Merkmale des deutschen Waldes. Die Ergebnisse dienen als Informationsquelle und Entscheidungsgrundlage für Forst-, Klimaschutz-, Energie- und Naturschutzpolitik der Bundesregierung. Deshalb weiß man unter anderem, dass der Wald in Deutschland zu 99 Prozent aus Hochwald besteht. Darunter versteht der →**Förster** die bei uns übliche Waldform, in der Bäume aus Samen gewachsen sind. Eine weitere Waldform ist der →**Niederwald**, der weniger als 1 Prozent darstellt.

Waldfunktionen

86 Der Wald ist ein Multitalent

Unsere Wälder können eine Vielzahl von Aufgaben erfüllen. Mit der Waldfunktionskartierung erfassen die Forstbehörden einen Teil dieser vielfältigen Funktionen. Die nachhaltige Erbringung aller Waldfunktionen auf der ganzen Fläche ist ein wesentliches Kennzeichen der deutschen →**Forstwirtschaft**.

Wald ist Lebensraum für unsere →**Pilze**, Pflanzen und Tiere und liefert den Rohstoff →**Holz**. Die Pflanzen des Waldes und ihre Wurzeln schützen vor Steinschlag und Lawinen, und sie verhindern, dass Erdboden fortgespült wird. Wälder beeinflussen unser Klima klein- und großräumig. Sie wirken auf den Wasserkreislauf, die Reflexion der Sonnenenergie, den Wind und den Kohlenstoffkreislauf. Bäume und →**Waldboden** halten Niederschläge zurück und filtern das Wasser. So tragen sie zum Hochwasserschutz bei und zur Bildung sauberen Grundwassers, das wir zum Trinken benötigen. Wälder filtern Staub und Schadstoffe aus der Luft und produzieren Sauerstoff. Waldvegetation kann Lärm von Siedlungen teilweise fernhalten. Den →**Waldeigentümern** sichert er ein Einkommen und

Reiter können beim Ausritt im Wald Erholung finden.

Waldboden und Bäume filtern Wasser und verringern den Abfluss.

dient auch als Geldanlage. Darüber hinaus hat der Wald in Deutschland eine besondere kulturelle Bedeutung als Schauplatz zahlreicher Mythen und Märchen.

Die Forstbetriebe der Bundesländer stellen die Nutz-, Schutz- und Erholungsfunktionen von Waldgebieten in Form einer Waldfunktionskarte dar. Diese soll als Entscheidungsgrundlage dienen und helfen, die verschiedenen Waldfunktionen möglichst optimal zu erfüllen. Diese Waldfunktionskarte stellt neben den Waldflächen mit besonderer Bedeutung für einzelne Waldfunktionen auch Schutzgebiete wie →**Naturwaldreservate**, Wasserschutzgebiete, Naturdenkmäler oder Naturschutzgebiete dar.

Waldkindergarten

Bei Wind und Wetter im Wald

87

Es gibt Kindergartenkinder, die sich den ganzen Tag bei Wind und Wetter im Wald aufhalten. Im Waldkindergarten ist der Wald gleichzeitig Turnraum, Spielplatz und die Behausung. Die Kinder tragen an die Witterung angepasste Kleidung und haben eine Isomatte zum Hinsetzen dabei. Nur bei äußerst schlechtem Wetter können sie sich in einen Bauwagen oder einen Unterstand zurückziehen.

So ein Waldkindergarten hat viele Vorteile. Die frische Luft stärkt das Immunsystem. Die Kinder lernen, die Natur zu schätzen und sich mit den Dingen zu beschäftigen, die sie im Wald finden. Die spielerische Fantasie wird dadurch angeregt. Außerdem lernen die Kinder den Wald zu jeder Jahreszeit mit seinen Veränderungen kennen. Kinder aus Waldkindergär-

Mitten im Buchenwald ein Kindergarten mit Lagerfeuerplatz

ten sind besonders achtsam gegenüber den Tieren, da sie dies von klein auf lernen. Außerdem kommen sie im Wald besser zur Ruhe.

Waldkindergarten verbessert Schulfähigkeit

Studien zur Schulfähigkeit der Kinder von Waldkindergärten im Vergleich zu Kindern aus Regelkindergärten zeigen, dass erstere dem Unterrichtsgeschehen in der ersten Klasse aufmerksamer folgen, ihre Hausaufgaben selbstständiger machen und konzentrierter im Unterricht mitarbeiten als ihre Mitschüler aus dem Regelkindergarten. Kinder, die einen Waldkindergarten besucht haben, zeigen ein höheres Maß an sozialer Kompetenz als Kinder, die einen Regelkindergarten besucht haben. Sie gehen rücksichtsvoller und hilfsbereiter mit den anderen Kindern in der Klasse um.

Von Kindern eines Waldkindergartens aus abgestorbenen Ästen erbautes Tipi

Im Unterricht sind sie bedeutend kreativer und fantasievoller als Kinder aus dem Regelkindergarten. Deutlich wird das vor allem im Fach Musik und beim bildnerischen Gestalten. Einzig bei den feinmotorischen Fertigkeiten wie der Finger- und Handgeschicklichkeit und auch im Schreibunterricht können die Kinder aus dem Regelkindergarten bessere Beurteilungen vorweisen. Kinder, die einen Waldkindergarten besucht haben, können jedoch in der Schule besser »stillsitzen«. Sie werden bei Kenntnissen des Sachunterrichts von den Lehrerinnen und Lehrern der ersten Klasse um mehr als eine halbe Note besser beurteilt. Dies erscheint nicht weiter verwunderlich, da sie aus dem Wald frühzeitig viele Dinge kennen, die danach im Sachunterricht der ersten Klasse eine Rolle spielen.

Waldkindergarten als Lösungsansatz gegen Gewalt

Kinder, die einen Waldkindergarten besucht haben, können in einem höheren Maße Konflikte mit anderen Kindern friedlich lösen als Kinder, die einen Regelkindergarten besucht haben. Hinsichtlich der Problematik von Gewalt an Schulen könnte die Idee des Waldkindergartens ein Lösungsansatz sein.

Waldklima

88 Wasserhaushalt, Luftfilterung und Temperaturausgleich

Wer bei Regen in den Wald geht (was ein tolles Erlebnis ist), hat das Gefühl, dass es unter den Bäumen im Gegensatz zum Freiland weniger regnet. Und dies ist tatsächlich so! Ursache dafür ist die Benetzung von Blättern, Nadeln und Ästen in den Baumkronen, die so genannte Interzeption. Ein Teil des Regens verdunstet direkt von den Baumoberflächen wieder zurück in die Atmosphäre. Dieses Wasser kommt also nicht unten beim Waldbesucher auf dem Boden an. Die Interzeption macht rund 20 Prozent der Gesamtverdunstung aus. 70 Prozent der Verdunstung bildet die Transpiration der Pflanzen. Das ist das Wasser, das Pflanzen aufnehmen und über ihre Spaltöffnungen wieder abgeben. Hinzu kommt noch die Verdunstung des Waldbodens, Evaporation genannt, mit etwa 10 Prozent. Die Evapotranspiration bezeichnet die Summe aus Transpiration und Evaporation, also der Verdunstung von Wasser aus der Tier- und Pflanzenwelt sowie von Boden- und Wasseroberflächen.

Entscheidend für die Nutzung des Regens im Wald sind auch die Intensität und Dauer des Niederschlags. Bei Nieselregen erreicht weniger als die Hälfte der Niederschlagsmenge den Waldboden, beim Gewitterregen kommt fast alles unten an.

Waldbäume kommen aber auch ohne Regen zu Wasser. Sie können nämlich aus den Wolken oder dem Nebel Wassertröpfchen auskämmen. So wird Wasser zusätzlich für den Waldboden generiert und über die Wurzeln aufgenommen. Außerdem sind unter dem Kronendach Windeinwirkung und Sonneneinstrahlung deutlich geringer als im Freiland oder oberhalb der Baumkronen. Davon profitieren alle Waldpflanzen.

Wald wirkt ausgleichend

Wald beschattet den Boden und verhindert eine rasche Austrocknung. Dadurch bildet sich ein typisches Waldinnenklima. An heißen Sommertagen ist dieses Waldklima besonders spürbar. Dann hat der Wald eine höhere Luftfeuchtigkeit und angenehme Kühle. Aber auch an kalten Wintertagen wirkt der Wald ausgleichend. Im Wald ist es dann wärmer und windstiller als außerhalb. Dieses Waldklima gleicht also tägliche und jährliche Temperaturschwankungen aus und erhöht die Luftfeuchtigkeit.

Kühle Waldluft in die Städte

Im Wald können Temperaturunterschiede von mehreren Grad Celsius gegenüber Städten auftreten. Diese Unterschiede zwischen Wald und Stadt führen zu intensivem Luftaustausch. Denn die kühlere Waldluft ist schwerer als warme Stadtluft und fließt, wenn sie nicht durch Bauwerke behindert wird, in die aufgeheizten Siedlungen. An heißen Sommertagen entstehen dadurch am Abend kühle Luftströmungen in die Städte. In der Stadtplanung spielt die Freihaltung von Frischluftschneisen mittlerweile eine wichtige Rolle.

Da die Blattorgane der Bäume gleichzeitig Staub, Ruß und gasförmige Verunreinigungen aus der Luft herausfiltern, kann kühle, gereinigte Luft in die Siedlungen fließen. Außerdem produzieren Bäume wie alle grünen Pflanzen Sauerstoff. Wälder sind deshalb besonders in der Nähe von Städten und Ballungsgebieten wichtig. Leider kommt es in Ballungsräumen immer noch zu Waldrodungen für Straßen, Siedlungen und Gewerbegebiete.

Im Sommer hat Wald eine höhere Luftfeuchte und Kühle als waldfreie Flächen.

Waldpädagogik

Bildung und Erziehung im Wald

89

Waldpädagogik ist Bildungsauftrag nach den Waldgesetzen einiger deutscher Bundesländer und daher Dienstaufgabe der Forstbehörden. Es handelt sich um ein pädagogisches Konzept, das erziehen und bilden will. Der Wald als Ort zum Kennenlernen und Erleben von Natur ist als Lernort mit seiner großen Themenpalette zum Lernen und Begreifen von ökologischen Zusammenhängen gut geeignet.

Positive Naturerfahrung mit allen Sinnen

Die Waldpädagogik will über persönliche Erlebnisse im Wald das Interesse an der Natur wecken und zum Staunen über Naturzusammenhänge anregen. Das oberste Ziel sind positive Naturerlebnisse. Solche Erlebnisse, die wir mit verschiedenen Sinnen wahrnehmen, bleiben dauer-

Mit Studierenden der Hochschule München im Moor

haft in Erinnerung. Lernen und Verstehen wird über direkte Naturbegegnung und Sensibilisierung aller Sinne ermöglicht.

Kindern einer Grundschulklasse wird der Vogelgesang durch Hören, Sehen und Tasten nahegebracht.

Waldpädagogik will ganzheitlich durch praktisches Erleben und Lernen ökologische und gesellschaftliche Zusammenhänge in der Natur nahebringen und damit der Naturentfremdung entgegenwirken. Sie will als Gegengewicht zu unserer technisierten Welt wirken und individuelle Erfahrungen aus erster Hand im Wald ermöglichen. Durch praxis- und erlebnisbezogene Lebens- und Freizeitgestaltung will sie auch Kontrapunkte setzen zur Konsumorientierung.

Beim Aufenthalt im Wald werden unterbewusst natürliche Geräusche, Gerüche und Temperaturunterschiede wahrgenommen. Sei es das Rascheln der Blätter, singende Vögel oder frische und feuchte Luft. Das Gehirn arbeitet ständig, um die Vielfalt der Eindrücke zu verarbeiten. Waldpädagogik regt an zum selbst aktiv Werden und hilft dabei, sich den Wald anzueignen und seine Schönheit zu entdecken. Das Gefühl der Selbstwirksamkeit wird gestärkt. Der Mensch soll zu einem verantwortungsbewussten Handeln kommen. Waldpädagogik zeigt allen Altersgruppen die Vielfalt des Lebensraumes Wald mit den Kreisläufen. Trotz Weite und Größe des Waldes soll Geborgenheit spürbar werden.

Lernen mit Kopf, Herz und Hand

In der Waldpädagogik ist das ganzheitliche Lernen nach Pestalozzis Konzept »Lernen mit Kopf, Herz und Hand« eine tragende Säule. Denn nur was man kennt (Kopf), kann man lieben (Herz), und nur was man liebt, will man durch Handlungen schützen (Hand).

Mit dem Buch, das Sie gerade lesen, möchte ich Ihnen einiges an Wissen über den Wald in Deutschland vermitteln, damit Sie aufgrund der Kenntnisse ein positives Interesse für diesen Lebensraum entwickeln und sich für den Schutz der Wälder engagieren. Auch dies ist Waldpädagogik!

Waldsterben

90

Neuartige Waldschäden verursacht durch Schadstoffe

Waldsterben oder neutraler formuliert neuartige Waldschäden bezeichnet Schäden an forstlich wichtigen Baumarten. Schäden an Bäumen durch Luftschadstoffe gab es schon vor 2.000 Jahren im lokalen Bereich der Verursacher. Neu am Waldsterben des 20. Jahrhunderts war die räumliche Entkoppelung von Emissionsquellen und der Erkrankung der Wälder. Später erkannte man eine flächendeckende Erkrankung der Wälder und die Betroffenheit mehrerer Baumarten. Die Schadensbilder zeigten sich unabhängig von Klima, Standort und waldbaulichen Praktiken. Der Begriff »Waldsterben« spiegelte in der deutschen Gesellschaft die Sorge wider, dass ihr Wald in Gefahr sei und in naher Zukunft großflächig absterben könnte.

Typische Merkmale des Waldsterbens sind die Auflichtung der Baumkronen aufgrund vorzeitigen Blattfalls, kleinere und wenige Blattorgane und unnatürliche Verzweigungen. Hinzu kommen Schäden am Wurzelsystem, wie starkes Absterben von Feinwurzeln, geringe Reproduktionsfähigkeit und verminderte →**Mykorrhiza**. Diese Symptome zeigen, dass die Bäume durch irgendetwas gestresst werden.

Die Hauptursachen für das Waldsterben sind Luftschadstoffe, die durch Verbrennung fossiler Brennstoffe in Kraftwerken, Öfen und Motoren entstehen. Besonders schädlich wirken Stickoxide und Schwefeldioxid auf den Wald. Wenn sich beispielsweise Schwefeldioxid aus Industrieabgasen an bewaldeten Berghängen anreichert, schädigt dies insbesondere Nadelbäume wie →**Tanne** und →**Fichte.**

Saurer Regen, entstanden aus Abgasen

Die Luftschadstoffe führen zu saurem Regen und Nebel. Als sauren Regen bezeichnet man Niederschlag, dessen pH-Wert bei etwa 4,5 liegt und damit deutlich niedriger ist als der pH-Wert von reinem Regenwasser mit 5,5. Die Schadstoffeinträge verändern das Nährstoffgefüge des Waldbodens; Nährstoffe werden ausgewaschen und Aluminium wird freigesetzt.

Das Waldsterben war in den 1980er-Jahren eines der bedeutendsten Umweltthemen in den deutschsprachigen Ländern. In der Bundesrepublik Deutschland hatte die Debatte um das Sterben des Waldes erhebliche politische und gesellschaftliche Auswirkungen. Sie gilt als einer der Gründe für den Aufstieg der Partei der »Grünen«. Damals gab es in der gesamten deutschen Parteienlandschaft einen Konsens über die Dringlichkeit und Schwere des Themas. Infolge der Waldsterbensdebatte wurden politische Maßnahmen ergriffen, die eine deutliche Verringerung der Emissionen und damit der Schadstoffe in der Luft bewirkten.

Luftentschwefelung – großer Erfolg der Umweltpolitik

Die deutliche Reduzierung des Gehalts von Schwefeldioxid in der Luft gilt als großer Erfolg der deutschen Umweltpolitik. Durch die Großfeuerungsanlagenverordnung von 1983 wurden die Schwefeleinträge um über 80 Prozent reduziert. Auch das bleifreie Benzin und der Katalysator für Kraftfahrzeuge wurden eingeführt.

Heute hat der deutsche Wald andere Probleme. Wurden vor 40 Jahren dem Boden durch den sauren Regen die Nährstoffe entzogen, so ist es inzwischen die Überdüngung, die den Pflanzen Probleme bereitet. Stickstoffverbindungen aus Viehhaltung und Autoabgasen verbreiten sich über die Luft und gelangen mit dem Regen in den Waldboden. Die Waldbäume wachsen zwar deutlich schneller als in den letzten Jahrhunderten, aber sie sind anfälliger für Krankheiten und Schädlinge. Hinzu kommen durch die Klimaveränderungen längere Dürreperioden während der Vegetationszeit als zusätzlicher Stressfaktor.

Der »Patient Wald« ist Gott sei Dank nicht gestorben, aber leider immer noch krank!

Die abgestorbenen Bäume stehen noch im Wald.

Wald im Winter

91

Über allen Wipfeln ist ein bisschen Ruh'

Laub- und Nadelbäume haben unterschiedliche Strategien für die kalte Jahreszeit entwickelt. Die Winterruhe der Vegetation erkennen wir am Abwurf der Laubblätter oder am Absterben der oberirdischen Pflanzenteile der mehrjährigen krautigen Pflanzen. Die meisten laubabwerfenden Bäume und Sträucher verlieren ihre Blätter im Herbst vor oder während der ersten Fröste, aber auch bei länger andauernder Trockenzeit im Sommer. Dies reduziert die Wahrscheinlichkeit, dass sie in einer winterlichen Frostperiode oder während der Trockenzeit vertrocknen. Denn im Winter ist das Wasser mindestens im obersten Bodenbereich gefroren und der Baum könnte seine Blätter nicht mehr mit Wasser und Nährstoffen versorgen.

Die meisten Nadelbaumarten behalten ihre Blattorgane auch im Winter.

Die Öffnungen an den Blattstielen, durch die sonst Wasser zirkuliert, werden mit wasserdichtem Kork verstopft. Das von der Lebensader des Baumes abgeschnittene Blatt trocknet nach und nach aus und fällt ab. Durch den Blattverlust bieten die Bäume auch weniger Angriffsfläche für die Stürme im Herbst, im Winter und im beginnenden Frühjahr.

Bei der Herbstfärbung beendet der Baum die Produktion von Blattgrün und andere Farbstoffe werden sichtbar. Die gelbe Farbe der Blätter wird durch Karotinoide, die rote bis violette Farbe durch Anthocyane erzeugt. Beides sind Farbpigmente, die nicht nur im Herbstlaub vorkommen. Sie verleihen auch Karotten, Kürbissen, Himbeeren, Brombeeren oder Rotwein ihre typische Farbe.

Pflanzen und Tiere haben verschiedene Überlebensstrategien für den Winter entwickelt.

Nadeln schützen sich mit einer Wachsschicht

Nadelbäume haben eine andere Überwinterungsstrategie entwickelt. Die Nadeln besitzen eine kompakte Form, eine feste Oberfläche und sind mit einer Wachsschicht überzogen, die sie vor dem Austrocknen schützt. Auch wenn der Baum im Winter kein Wasser aufnehmen kann, trocknen die Nadeln trotzdem nicht aus.

Für die Überwindung der Winterruhe benötigen die meisten Pflanzen eine Kälteperiode von mindestens drei Wochen Länge. Während der Winterruhe werden hemmende Pflanzenhormone allmählich abgebaut.

Überwinterung von Wildtieren

→**Wildtiere** haben unterschiedliche Strategien, zu überwintern. Viele Arten versuchen, ausreichend Nahrung zu finden, und sind den ganzen Winter aktiv. Ihre Spuren können wir im Schnee finden. Winterschläfer wie Igel, Murmeltiere, Siebenschläfer oder Haselmäuse wirken monatelang wie tot. Sie verkriechen sich in Erd- oder Baumhöhlen und senken die Atemfrequenz sowie den Herzschlag deutlich. So sparen sie Energie.

Winterruher dagegen verschlafen die meiste Zeit, wachen zwischendurch aber immer wieder auf. Während der Wachphasen nehmen diese Wildtiere kleine Mengen Nahrung auf und scheiden Urin und Kot aus. Während der Ruhephasen ist die Stoffwechselaktivität der Tiere stark vermindert. Winterruhe halten beispielsweise Dachse, Fledermäuse und →**Eichhörnchen**.

In Winterstarre verbringen Schnecken, Insekten, Frösche und Eidechsen den Winter.

Wald vor Wild

92

Mehr Holz als Fleisch produzieren

Über 90 Prozent des Umsatzes eines Forstbetriebes werden durch den Verkauf von Holz erwirtschaftet. Da ist es nachvollziehbar, dass ein Waldbesitzer möglichst wenig Schaden an seinen Bäumen dulden mag. Aber im Wald leben auch viele hungrige →**Wildtiere**, die sich von Pflanzen und von den Blättern, Nadeln und Knospen der Bäume und Sträucher ernähren. Der Verbiss an Pflanzen durch Tierarten, die dem Jagdrecht unterliegen, wird als Wildverbiss bezeichnet. Hauptverursacher ist vor allem das wiederkäuende Schalenwild, also Reh-, Rot- und Gamswild.

Zusätzlich schlagen →**Hirsch** und →**Rehbock** beim Fegen ihr Geweih gegen junge Bäumchen. Diese Pflanzenschädlinge sind Teil des Ökosystems Wald wie der →**Borkenkäfer,** das →**Eichhörnchen,** →**Spechte** oder die →**Weinbergschnecke**. Ich kenne keinen Waldbesitzer, der diese Wildtiere deswegen ausrotten wollte. Aber die Wertigkeit ist klar: Die Holzproduktion ist wichtiger als das Wildpret!

Die Fütterung von Reh- und Rotwild ist umstritten.

Diesen Grundsatz nennt der Gesetzgeber: »Wald vor Wild«. Vegetation, insbesondere Verjüngung der Waldbäume, wird vorrangig berücksichtigt. Mit diesem für →**Jäger** geltenden Grundsatz des Wald- und Jagdrechts soll der Verbiss durch Wildtiere an Jungbäumen eingeschränkt werden.

Tannen und Eichen werden beim Fressen bevorzugt

Da Schalenwild bestimmte Baumarten bevorzugt, werden Mischbaumarten wie Tanne oder Eiche aus dem Waldbestand verdrängt. Der selektive Verbiss begünstigt Fichten und Kiefern. Die Kosten erhöhen sich durch künstliche Pflanzung, kostenintensive Schutzmaßnahmen und Nachpflanzungen.

Besonders Rehe wählen ihre Nahrung mit Vorliebe nach deren Stickstoffgehalt aus, welcher in den Knospen von Laubbäumen hoch ist. Entsteht durch Reh-, Rot- oder Gamswild ein wirtschaftlicher Schaden, kann der Geschädigte in der Regel Schadensersatz vom →**Jäger** verlangen.

Zaun- und Einzelschutz

Zur Verhinderung oder Verminderung des Verbisses werden direkte Schutzvorkehrungen wie der Bau von Forstkulturzäunen oder der Einzelschutz einzelner Pflanzen mit mechanischen oder chemischen Schutzmitteln eingesetzt. Große Waldflächen können dauerhaft jedoch nicht so dicht gehalten werden, dass kein Reh oder Hirsch hineinkommt.

Schälschäden durch →**Hirsche** können ältere Waldbestände, die dem Verbiss bereits entwachsen sind, über Jahrzehnte hinweg zusätzlich gefährden sowie im Schadensfall destabilisieren und ökonomisch entwerten.

Umstritten ist die Wildfütterung im Winter. Unter natürlichen Bedingungen sorgen Verluste von schwachen und kranken Individuen im Winter für die Gesunderhaltung der Populationen. Denn nur die Fittesten überleben und die Wildtiere haben sich während der Evolution an den winterlichen Nahrungsengpass angepasst.

Plastikmanschetten schützen vor Verbiss- und Fegeschäden.

Was im deutschen Wald erlaubt und was verboten ist

93

Der deutsche Schilderwald

Das Betreten des Waldes ist zur Erholung und zum Genuss der Naturschönheiten jeder Frau und jedem Mann in Deutschland unentgeltlich erlaubt. Allerdings geschieht dies immer auf eigene Gefahr. Der Waldbesitzer stimmt dem Betreten zu, muss jedoch nicht für waldtypische Gefahren haften. Jeder hat sich im Wald so zu verhalten, dass die Lebensgemeinschaft Wald und die Bewirtschaftung des Waldes nicht gestört und der Wald nicht gefährdet, beschädigt oder verunreinigt werden.

In der Regel darf der Waldbesucher die Wege auch verlassen. Nur für empfindliche und leicht zu schädigende Forstflächen besteht ein Betretungsverbot. So dürfen etwa Forstkulturen und Pflanzgärten nicht betreten werden. In der Regel sind diese aber durch einen Zaun als gesperrte Bereiche erkennbar. In vielen Naturschutzgebieten ist es jedoch verboten, die ausgewiesenen Wege zu verlassen, dort herrscht das sogenannte »Wegegebot«. Ein Betretungsverbot besteht in einigen Ländern auch für Waldflächen, die aus Forschungsgründen unberührt bleiben sollen, wie →**Naturwaldreservate**.

Ein Picknick oder das Schlafen im Wald ist in der Regel gestattet. Der entstehende Müll muss selbstverständlich wieder mitgenommen werden. Zurückgelassener Müll im Wald führt nicht nur dazu, dass der Boden und das Grundwasser verunreinigt werden können, sondern gefährdet auch →**Wildtiere**, die sich an Glasscherben, Blechteilen und Kronkorken verletzen können.

Pflanzen nur bis Blumenstraußgröße mitnehmen

Grundsätzlich gehört alles, was im Wald lebt und wächst, dem →**Waldeigentümer**. Trotzdem macht sich niemand strafbar, der →**Pilze** sammelt oder →**Blumen** pflückt. Für solche Fälle hat der Gesetzgeber nämlich die »Handstraußregelung« ersonnen. Diese besagt: Für den eigenen Bedarf dürfen wild wachsende Blumen, Kräuter, Beeren oder Pilze in geringen Mengen gesammelt werden, außer den geschützten Exemplaren. Auf dem Boden liegende Äste, Zapfen und Rinde dürfen in geringen Mengen zum Eigengebrauch gesammelt werden. Das Fällen von Bäumen, das Abschneiden oder Abreißen von Ästen ist jedoch verboten.

Hochsitze werden zwar gern von den Waldbesuchern bestiegen, doch handelt es sich hierbei um jagdliche Einrichtungen, die aufgrund der erhöhten Unfallgefahr nicht betreten werden dürfen. Feuer zum Grillen darf im Wald nur an fest eingerichteten Feuerstellen entzündet werden. Klar sollte sein, dass man danach das Feuer ständig kontrolliert und nach Nutzung löscht. Ein absolutes Rauchverbot gilt vom 1. März bis 31. Oktober in allen Wäldern. Außerhalb dieser Zeit nimmt der verantwortungsvolle Raucher die Kippen wieder mit.

Bei Baumfällarbeiten oder anderen Waldarbeiten können Waldflächen für Besucher gesperrt sein. Dies geschieht zur eigenen Sicherheit der Waldbesucher. Auch bei Waldbränden oder starken Stürmen sollte man Waldbesuche unterlassen.

Das Anbringen von Metallschildern an Bäumen sollte verboten sein!

Hunde müssen in einigen Bundesländern im Wald grundsätzlich an der Leine geführt werden. Baden-Württemberg, Bayern, Hessen, Rheinland-Pfalz, Saarland und Sachsen sind hundefreundlicher. Der Hund muss sich lediglich im »Wirkungsbereich« des Besitzers befinden, also auf Kommandos reagieren. Jeder Hund an der Leine bedeutet für Wildtiere Stress. Egal ob Dackel oder Dogge, er wird instinktiv als Wolf wahrgenommen.

Radeln nur auf geeigneten Wegen

Fahrradfahren ist auf geeigneten Wegen erlaubt, abseits der Wege jedoch verboten. Mountainbiking und Off-Road-Fahren kann zu Schäden an Boden und Vegetation sowie zum Stress, sogar zum Tod von Wildtieren führen. Häufig treten auch Konflikte zwischen Mountainbikern und Wanderern auf, die sich belästigt oder bedroht fühlen. Achtsamkeit und Rücksichtnahme gegenüber den Erholungssuchenden, den Wildtieren und den Pflanzen ist daher notwendig.

Grundsätzlich verboten im Wald ist das Autofahren, und zwar auch dann, wenn kein entsprechendes Verkehrsschild und keine Schranke darauf hinweisen. Nur berechtigte Personen, wie →**Förster**, →**Waldarbeiter** und →**Waldeigentümer**, dürfen auf den →**Forststraßen** fahren.

Weinbergschnecke

94

Zwitter, der nur von einem Säugetier verzehrt wird

Die Weinbergschnecke beginnt den Geschlechtsakt damit, dass zwei Tiere Fuß an Fuß kriechen. Dann schießen die beiden Zwitter »Liebespfeile« aus Kalk ab. Dieses merkwürdige Verhalten dient der sexuellen Stimulierung und der gegenseitigen Übertragung der Spermien. Alle Schnecken sind zwittrige Tiere, sie produzieren also sowohl Spermien als auch Eizellen. Nach wenigen Wochen legt jedes der Tiere in eine Erdmulde rund 50 glibberige Eier, aus denen nach weiteren zwei Wochen die Jungschnecken schlüpfen, die noch kein festes Kalkgehäuse besitzen.

Der Schneckenkönig ist sehr selten

Erwachsene Weinbergschnecken tragen ihr Haus aus Kalk immer mit sich und ziehen sich bei Gefahr darin zurück. Es ist spiralig gewunden, wobei die Windungen in aller Regel rechtsgängig sind. Nur bei

Zwei sich liebende Zwitterwesen

Dies ist kein Schneckenkönig!

einem von etwa 10.000 Tieren ist das Gehäuse linksgängig. Dieser seltene Zwitter wird als »Schneckenkönig« bezeichnet. Ob man einen »Schneckenkönig« vor sich hat, kann man selbst herausfinden. Man legt das Schneckenhaus mit nach vorne zeigender Öffnung auf den Boden. Befindet sich das Haus rechts von der Öffnung, handelt es sich um einen »Schneckenkönig«. Ist das Häuschen links davon, handelt es sich um eine gewöhnliche Schnecke.

Die Kriechbewegung erfolgt mit dem muskulösen Fuß auf einer schleimigen und dadurch gleitfähigen Unterlage. Die Schnecke produziert diesen Schleim mit Drüsen am Fuß selbst. Die beiden Fühlerpaare am Kopf dienen der Orientierung und werden bei Reizung eingezogen. Am Ende des größeren Fühlerpaares sitzen einfache Lochaugen, die nur ein schemenhaftes Sehen ermöglichen.

Weinbergschnecken fressen auch Nacktschneckeneier

Die Vegetarier knabbern mit ihrer Raspelzunge Algen und weiche Pflanzenteile ab. Zur Freude eines jeden Gärtners verspeisen sie gelegentlich auch die Eier von Nacktschnecken. Im Herbst verkriecht sich die Weinbergschnecke in der Erde, zieht sich in ihr Haus zurück und verschließt den Eingang mit einem festen Kalkdeckel. Sie verbringt die kalte Jahreszeit wie alle wechselwarmen Tiere in Winterstarre. Fressfeinde hat die Weinbergschnecke eigentlich keine. Selbst für den gerne Schnecken fressenden Igel ist sie als Nahrung zu groß. Das einzige Säugetier, das Weinbergschnecken verzehrt, ist der Mensch.

Wildschwein

Es fühlt sich sauwohl im Wald

95

Im Wald gelten Wildschweine als nützlich, denn sie lockern beim Stöbern den Boden und fressen die Larven von Baumschädlingen und tote Tiere, die an Krankheiten oder durch einen Autounfall gestorben sind. Bei der Nahrungssuche drehen sie auch liegende Baumstämme um oder zerlegen einen morschen Stamm, um an Mäuse, Regenwürmer und Insektenlarven zu kommen. Als Allesfresser vertilgen Wildschweine Blätter, Triebe, Wurzeln und Früchte von Bäumen, daneben Gräser, Kräuter, →**Pilze** und →**Flechten** sowie Weichtiere, Insekten, Eier, Vögel und kleine Säugetiere. Wildschweinfleisch ist relativ mager und eignet sich gut zum Grillen und als Braten.

»Kessel« heißt der Ruheplatz der Schweine zwischen eng stehenden Fichten oder unter den herabhängenden Zweigen einer Tanne. Dort rotten sie sich im Familienverband zusammen und verdauen. An frei gescharrten rundlichen Flächen auf dem Waldboden, die von einem Wall aus Laub und Zweigen begrenzt sind, kann man diese Ruheplätze erkennen.

Die Weibchen geben den Ton an

Bei Wildschweinen geben die Weibchen, Bachen genannt, den Ton an. Eine erfahrene Bache leitet eine Familienrotte. In einer Rotte leben männliche Schweine nur während der ersten Lebensmonate. Alle Weibchen werden gleichzeitig fortpflanzungsfähig. Die führende Bache legt los und ihre Töchter und auch die Enkelinnen in der Rotte passen ihre Empfängnisbereitschaft an. Herumziehende Eber decken sie, was sie bei gutem Futterangebot schon als Frischlinge im ersten Jahr können.

Die Eckzähne des Oberkiefers sind bei älteren männlichen Wildschweinen so stark gekrümmt, dass sie nach oben wachsen. Durch das ständige Aneinanderschleifen der oberen und unteren Eckzähne sind beide messerscharf. Sie werden bei der Verteidigung oder während der Rangkämpfe in der Paarungszeit eingesetzt. Eber haben am Rumpf eine deutliche Hautverdickung aus Bindegewebsfasern, das sogenannte Schild, das sie bei Kämpfen während der Paarungszeit vor schweren Verletzungen schützt.

In Deutschland gibt es immer mehr Wildsauen

Durch die milden Winter und das üppige Nahrungsangebot in der Feldflur sind weibliche Frischlinge bereits nach wenigen Monaten geschlechtsreif. Theoretisch kann eine Wildschweinpopulation ihren Bestand innerhalb eines Jahres verdreifachen. Die Anzahl an Wildschweinen in Deutschland ist mittlerweile enorm angestiegen. Weit über 1 Million Wildschweine stöbern in Deutschland durch Wälder, Äcker und Siedlungen. Mildere Winter, viele Jahre mit reichlichen Erträgen von Eicheln und Bucheckern, der Boom beim Maisanbau zur Energiegewinnung, das Wegzüchten von Bitterstoffen aus dem Raps und gestiegene Hektarerträge auf den Feldern bescheren der Wildsau von Jahr zu Jahr eine üppigere Nahrungsauswahl.

Noch vor 30 bis 40 Jahren begann die Paarungszeit der Wildschweine bei uns im November und nach einer Tragzeit von etwa vier Monaten kamen im Frühjahr durchschnittlich sechs Frischlinge zur Welt. Mittlerweile paaren sich Wildschweine fast das ganze Jahr.

Wildschweine lieben das Scheuern, das sogenannte Malen an Bäumen. Mit ihrer vollen Breitseite stemmen sie ihren Körper an einen Baumstamm mit dicker →**Borke** und scheuern sich ausgiebig von vorne bis hinten. Auch das Schlammbaden, das Suhlen, genießen die Schweine als Abkühlung und um Parasiten loszuwerden.

Bache mit fünf Frischlingen

Wildtiere

96 Bejagt oder ganzjährig geschützt?

Das Bundesjagdgesetz definiert wild lebende Tiere, die dem Jagdrecht unterliegen, als Wild. Dort sind für jede Wildart Jagd- und Schonzeiten festgelegt. Während beispielsweise Jungfüchse ganzjährig bejagt werden dürfen, ist das bei Feldhase und Fasan nur zwischen dem 16. Oktober und 15. Januar erlaubt. In den Landesjagdgesetzen können die Jagdzeiten unterschiedlich festgelegt sein. Es gibt viele Wildarten, die ganzjährig geschont sind und demzufolge nicht bejagt werden dürfen.

Gamswild darf zu bestimmten Zeiten bejagt werden.

Das Bundesjagdgesetz fordert die Wahrung eines artenreichen und gesunden Wildbestandes sowie die Pflege und Sicherung seiner Lebensgrundlagen.

Nach deutschem Jagdrecht befindet sich Wild grundsätzlich in natürlicher Freiheit und ist herrenlos, es gehört also niemandem. Die Aneignung des Wildes ist jedoch ausschließlich dem →**Jäger** erlaubt. Dies gilt auch für Teile des Wildes, zum Beispiel Geweihstangen von Hirsch oder Rehbock oder Vogeleier. Wild unterliegt heute der besonderen Fürsorgepflicht des Jägers. Festgeschrieben ist dies in der Verpflichtung zur Hege des Wildes. Die Hegeverpflichtung des Jägers gilt auch dann, wenn eine Wildart ganzjährig geschützt ist. Damit unterscheidet sich der Schutzstatus von Tieren, die als Wild nach Jagdrecht klassifiziert sind, grundlegend vom Schutz wild lebender Tiere, die ausschließlich nach dem Naturschutzrecht geschützt sind. Denn das Naturschutzrecht kennt keine persönlich verantwortliche Person.

Federwild – Haarwild – Schalenwild

Im Jagdrecht werden Wildtiere unterschieden in Federwild und Haarwild. Als Federwild werden die dem Jagdgesetz unterliegenden Vögel bezeichnet. Zum Haarwild zählen die Säugetiere mit Fell. Zum

Der seltene Auerhahn ist in ganz Deutschland ganzjährig geschützt.

Schalenwild gehören die dem Jagdrecht unterliegenden Paarhufer. Die Klauen der Paarhufer heißen in der Jägersprache »Schalen«. Dazu gehören: →**Wildschwein**, →**Reh**, →**Hirsch** und Gams.

Vom Haarwild dürfen bejagt werden: Gams, Hirsch, Reh, Feldhase, Kaninchen, Fuchs und Wildschwein. Viele Arten des Federwilds, wie alle Greifvögel, die meisten Entenarten, Auerwild oder Birkwild, haben seit Jahrzehnten ganzjährige Schonzeit. Verschiedene der bislang bejagten Arten gelten als gefährdet und stehen auf der Roten Liste, zum Beispiel Waldschnepfe, Baummarder, Iltis, Hermelin. Der Wolf, der vor gut 30 Jahren wieder nach Deutschland zurückgekehrt ist, unterliegt nicht dem Jagdrecht, sondern dem Naturschutzrecht.

Nutzung der Wildtiere

In Deutschland wird pro Kopf jedes Jahr rund ein halbes Kilogramm Wildfleisch verzehrt. Bei einem jährlichen Fleischverbrauch von fast 60 Kilogramm also nur ein Bruchteil. Das hochwertige Leder aus dem Fell von Hirschen wird zu Kleidungsstücken verarbeitet, verschiedene Pelzarten können für Kleidungsstücke und Accessoires genutzt werden. Vom Jäger erlegte Wildtiere ernähren sich von den Früchten der Natur. Daher hat Wildfleisch einen hohen Anteil an Vitaminen und Mineralien. Wegen seiner Bewegungsmöglichkeiten ist der Fettanteil bei Wildtieren relativ gering. Das Wildpret von heimischen, in ihrem Lebensraum aufgewachsenen Tieren ist garantiert bio!

Windwurf

97 Wenn der Sturm kommt

Nach Stürmen liegen in den Wäldern oft viele entwurzelte Bäume. Windwurf kann sowohl an einzelnen Bäumen als auch flächig auftreten. Flächige Zerstörungen kommen insbesondere bei großen Fichten-Reinbeständen vor. Beim Windwurf reicht die Verankerung des Baumes im →**Waldboden** durch die Wurzeln nicht aus und der Stamm wird samt Wurzelballen umgeworfen. Beim Windbruch dagegen hält die Bodenverankerung, jedoch wird die Festigkeit des Baumes überschritten und er bricht am Stamm ab.

Besonders große Schäden durch starken Wind verursachten in Deutschland zum Beispiel die Orkane Wiebke im Jahr 1990, Lothar 1999, Kyrill 2007 und Friederike 2018. Wegen der großen Sturmschäden kommt es zu einem Überangebot an →**Holz**, wodurch die Holzpreise fallen. Deshalb stellt ein Windwurf auch für nicht direkt betroffene →**Waldeigentümer** meist eine finanzielle Einbuße dar. Allerdings werden diese Einbußen durch eine besondere Behandlung beim Einkommenssteuergesetz gemildert.

Einzelwurf: Die Wurzeln konnten den Baum nicht ausreichend im Boden verankern.

Entwurzelte Bäume bieten neuen Lebensraum

Stürme sind neben dem Feuer die treibenden Kräfte der natürlichen Walddynamik. In →**Urwäldern** sind sie mit ein Grund dafür, dass die Waldstrukturen sehr vielfältig bleiben. Nach einem Windwurf setzt auf der Fläche die natürliche Sukzession ein. In lange Zeit unbewirtschafteten Wäldern oder Urwäldern gibt es zahlreiche liegende, langsam verrottende Baumstämme. Die vom Wind entwurzelten Bäume bieten als Totholz neuen Lebensraum für Pilze, Pflanzen oder Insekten. Neben positiven Effekten kann dies aber auch eine starke Vermehrung von Schädlingen wie dem →**Borkenkäfer** bedeuten.

Diese Fichte konnte den Kräften nicht standhalten.

Je nachdem, wie stark das Holz vermodert und von Pilzen und Flechten besiedelt ist, lässt sich abschätzen, wie lange der Windstoß zurückliegt. Bei unseren Klimaverhältnissen kann es mehrere Jahrzehnte dauern, bis vom Sturm geworfenes Holz der →**Fichte** abgebaut ist. Die meisten Buchen-Urwälder Ost- und Südosteuropas hingegen weisen weniger liegendes Totholz auf, da Buchenholz deutlich schneller zersetzt wird als Fichtenholz.

Größere Windwürfe im →**Urwald** können den Übergang vom reifen Schlusswaldstadium mit uralten Bäumen zum jungen Pionierwaldstadium beschleunigen. Diese jungen →**Waldbestände**, die vorwiegend aus →**Lichtbaumarten** bestehen, können für mehrere Jahrzehnte wegen ihrer Gleichaltrigkeit relativ instabil sein. Mit dem Aufkommen und dem zunehmenden Anteil der Schattbaumarten wird die Waldstruktur vielfältiger und die Stabilität gegenüber Sturm und Schnee nimmt zu.

Harvester beseitigen Windwurfholz

Die Aufarbeitung von Windwurfholz gehört zu den gefährlichsten Tätigkeiten bei der Waldarbeit. Nach Sturmschäden häufen sich schwere Verletzungen oder gar Todesfolgen bei der Aufarbeitung des Holzes. Da ein Einsatz der Säge zwischen den unter Spannung stehenden Stämmen lebensgefährlich ist, erfolgen gelegentlich sogar Sprengungen. Der Einsatz von →**Harvestern** ist deshalb dem von →**Waldarbeitern** nach Windwürfen vorzuziehen.

Xylobionte Käfer

98

Im Holz lebende Krabbler

»Xylobiont« kommt aus dem Griechischen und bedeutet »das Holz bewohnend«. Zu den xylobionten Käfern zählt man alle Käfer, die in einer ihrer Lebensphasen im →**Holz** leben. Rund die Hälfte der über 1.300 in Deutschland nachgewiesenen xylobionten Käfer ist gefährdet und steht auf der Roten Liste der Käferarten. Denn ihre benötigten Lebensräume sind sehr selten geworden. Abgestorbenes, totes Holz dient nicht nur Käfern, sondern vielen Organismen als Nahrungsressource und Lebensraum.

Ab einem Totholzanteil von mindestens 30 Kubikmetern je Hektar geht man davon aus, dass der größte Teil der im Gebiet möglichen xylobionten Arten mit einer stabilen Population vorkommen kann. Aber im deutschen Wald finden sich durchschnittlich nur 5 Kubikmeter Totholz. Deutschlands Wälder benötigen deutlich mehr Totholz!

Käfer brauchen unterschiedliche Zersetzungsgrade

Nicht nur die Menge an Totholz spielt für die Artenvielfalt eine Rolle, sondern auch der Standort des toten Holzes und dessen Zersetzungsgrad. Zudem kommt es darauf an, ob ein toter Baum steht oder ob das Holz bereits auf dem Boden liegt. Eine abgestorbene →**Buche** bietet beispielsweise in den ersten beiden Jahren für den Schrot-Zangenbock, ein Bockkäfer mit kurzen Fühlern, ideale Entwicklungsbedingungen. Dieselbe Buche ist für den Balkenschröter mit seinen kräftigen Kiefern erst Jahre später eine optimal zu nutzende Ressource, wenn der Zersetzungsprozess bereits weiter fortgeschritten ist.

Der versteckt im Mulm lebende Eremit ist äußerst selten und streng geschützt.

Je nach Baumart schwankt die Artenzahl der xylobionten Käfer. Die →**Eiche** gilt als die Baumart, an der die meisten Arten leben. Sie beherbergt ungefähr 650 holzbewohnende Käferarten, während auf der Buche 240 und auf der Fichte gerade noch bis zu 60 verschiedene Käferarten leben. Neben einem hohen Totholzangebot spielen für die Käferfauna Licht und Besonnung eine wichtige Rolle.

Xylobionte Käfer bereiten das Holz für eine Besiedlung durch weitere Tiergruppen auf und tragen wegen des hohen Spezialisierungsgrades und ihrer oft spezifischen Besiedlungsabfolgen wesentlich zu den sehr komplexen ökologischen Beziehungsgefügen totholzreicher Bestände bei.

Alte Wälder mit ununterbrochener Tradition

Die entscheidenden Faktoren für die Zusammensetzung der Holzkäferfauna eines Gebietes sind Klima, Boden, Biotoptradition, Baumarten und Strukturvielfalt. Alte Wälder mit ununterbrochener Biotoptradition unterscheiden sich deutlich von Gebieten, in denen die Waldentwicklung nach großflächigen Rodungen temporär unterbrochen war. Hier fallen flugunfähige Arten aus. Deshalb können Ersatzaufforstungen auf Ackerflächen nicht die gleichen Funktionen erfüllen wie seit Jahrhunderten existierende Wälder.

Je mehr Baumarten in einem Gebiet vorhanden sind, desto mehr Käferarten finden sich. Die Artenzahlen in einem Eichen-Hainbuchenwald mit vielen Mischbaumarten sind beispielsweise immer höher als in einem Fichten- oder Buchenwald-Reinbestand.

Hirschkäfer: Männchen und Weibchen

Zecke

99

Der Gemeine Holzbock ist der Schrecken der Waldbesucher

Im Wald, da sind die Räuber! Dieser Räuber will jedoch nicht unser Geld, sondern unser Blut: der Gemeine Holzbock. Er ist die Zeckenart, die am weitesten bei uns verbreitet ist und uns am häufigsten sticht. Diese Zecke lauert auf Säugetiere, um sich in deren Haut einzubohren. Statt Augen besitzt sie das »Hallersche Organ« zur Orientierung. Dieses Organ am vordersten Beinsegment besteht aus Rezeptoren, die chemische Verbindungen wie Kohlendioxid, Ammoniak, Schwefelwasserstoff und weitere organische Komponenten wahrnehmen. Alles Bestandteile, die im Atem oder Schweiß ihrer Wirtsarten vorkommen. Das Tierchen sitzt im Gras oder an Sträuchern und streckt die Vorderbeine in die Höhe, um mit diesem Organ alle Duftstoffe in der Umgebung besser wahrzunehmen. Streift ein Säugetier die Zecke, greift sie sich

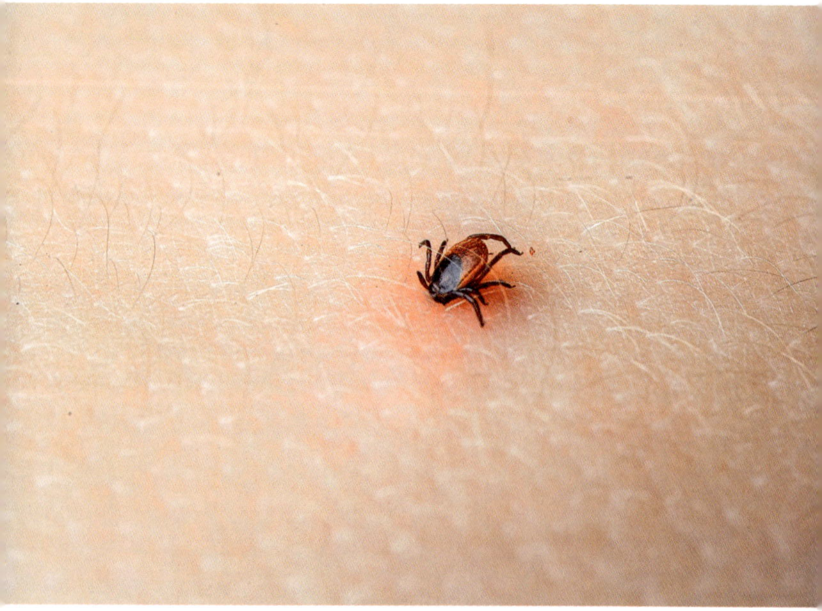

Die Zecke hat ein Loch in die weiche Haut geschnitten und saugt Blut.

blitzschnell mit den starken Krallen an ihren Vorderbeinen die Haut, das Fell oder die Kleidung und hält sich daran fest.

Blutsauger mit vielen Tricks

Zum Blutsaugen hat die Zecke einen komplexen Stech- und Saugapparat entwickelt. Als erstes sucht sie sich auf dem Wirt eine dünne Hautpartie. Beim Mensch sind dies die Leistengegend, die Kniekehlen und die Haaransätze. Zum Blutsaugen krallt sich die Zecke in der Haut fest und schneidet mit ihren scherenartigen Mundwerkzeugen ein Loch in die Haut. Daraufhin führt sie ihren Stechapparat ein, welcher mit vielen Widerhaken besetzt ist, um ein Herausrutschen zu vermeiden. Damit sie während des Saugens in Ruhe weiter Luft holen kann, befinden sich die Atemöffnungen hinter den Hinterbeinen. Nach dem Einstich gibt sie ein Sekret in die Wunde ab, das einen Gerinnungshemmer, Entzündungshemmer und ein Betäubungsmittel enthält. Dies garantiert guten Blutfluss und unbemerktes Saugen. Damit sich dieser Aufwand für die Zecke richtig lohnt, wird der Stechapparat zusatzlich mit einem Klebstoff auf der Haut befestigt. Der Darm der Zecke besteht aus vielen Anhängen und ist so dehnbar, dass ein vollgesaugtes Tier bis zu 200 Mal so viel wiegen kann wie ein hungriges.

Hat die Zecke genügend Blut getankt, lässt sie sich fallen. Bis zu einem Jahr kann sie dann wieder hungern. Nach der dritten Blutmahlzeit und der letzten Häutung kommt es zur Paarung, das Weibchen legt dann rund 2.000 Eier und stirbt anschließend.

Schutz vor Zecken

Neben Wild- und Haustieren wird auch der Mensch von der Zecke gestochen. Sie ist Überträgerin der für uns Menschen gefährlichen Bakterienerkrankung Borreliose und der Hirnhautentzündung Frühsommer-Meningoenzephalitis (FSME). Wer sich gegen Borreliose oder FSME schützen möchte, sollte Zeckenstiche möglichst vermeiden. Zecken lauern dort, wo die häufigsten Waldsäugetiere unterwegs sind, also auf den Wildwechseln von Reh, Wildschwein und Fuchs oder auf Grasflächen mit Mäusen. Bleiben Sie deshalb auf Wegen ohne langes Gras.

Tragen Sie helle Kleidung mit langen Ärmeln und lange Hosen. Zecken sind als dunkle Punkte auf heller Kleidung zu erkennen. Ziehen Sie die Socken über die Hosenbeine oder höhere Schuhe an. Nach einem Waldspaziergang an einem warmen und schwülen Tag lohnen sich eine intensive Dusche und das Suchen an weichen Hautpartien.

Übrigens: Zecken sind nicht immer aktiv. Liegen die Temperaturen unter 7 Grad Celsius, fallen sie in eine Winterstarre und stechen nicht.

Zeidler

100

Bienenzüchter brauchen eine Gewerkschaft

Wir essen alle gerne Süßigkeiten. Dies war schon in der Steinzeit so und deshalb holten sich die Menschen den süßen Honig der Bienen. Noch im Mittelalter war Honig das wichtigste Mittel, um Speisen zu süßen. Damals hatten die Imker einen entscheidenden Nachteil im Vergleich zu heute: Sie verloren bei der Honigernte ihre Bienenvölker. Das Halten der Bienen in Weidenkörben oder auch in Baumstämmen bot nicht die heutigen Möglichkeiten der Honignutzung.

Noch wertvoller als der Honig war das Bienenwachs. Durch die Verbreitung des christlichen Glaubens im Frühmittelalter und den vermehrten Bau von Kirchen steigerte sich die Nachfrage nach Kerzen. Auch der Genuss von Met, dem Honigwein, wuchs mit der steigenden Zahl der Menschen. So ist es nicht verwunderlich, dass das einfache Sammeln von Honig wilder Bienen schnell nicht mehr ausreichte.

Kunsthöhlen wurden in alte Bäume geschlagen

Bereits im Frühmittelalter sammelten sogenannte »Zeidler« berufsmäßig Honig. In den Wäldern nutzten sie den Honig von wilden

Bienenschwarm in der Baumkrone

Bienen. Sie schlugen in mehreren Metern Höhe künstliche Höhlen in alte Bäume und verschlossen sie mit einem Brett. Damit die Bienen in diese Höhlen fliegen konnten, wurde ein Loch in das Brett gebohrt. Belegt ist die Zeidlerei für den Nürnberger Reichswald und den Berliner Grunewald. Bienenzucht wurde aber auch in vielen Klöstern betrieben. Neben der Honignutzung konnte der Eigenbedarf an Bienenwachs zumindest teilweise gedeckt werden.

Honigbienen produzieren Wachs und Honig.

Hohe Strafen bei Diebstahl von Bienen und Honig

Schon früh gab es die Notwendigkeit, eine entsprechende Gesetzgebung rund um die Bienenzucht zu schaffen. Der Merowingerkönig Chlodwig erließ um das Jahr 510 das Salische Gesetz, das hohe Strafen für den Diebstahl von Bienen und Honig vorsah. Ein Jahrhundert später regelten die Westgoten den Wildbienenfang per Gesetz. Diese legten auch fest, dass bei Schäden, die durch Bienen verursacht wurden, zu haften sei.

Im schwäbischen Landesrecht zum Beispiel war festgelegt, dass Bienen, die über fremdes Gebiet flogen, nicht eingefangen werden durften. Es gab aber keine Verpflichtung, die Bienen dem Eigentümer zurückzubringen. Diesem wurde allerdings gestattet, den Fremdgrund zu betreten, um seine Bienen wieder einzufangen. Kaiser Karl der Große ließ auf seinen Gütern zahlreiche Imkereien errichten.

Die Zunft der Zeidler entstand im 14. Jahrhundert. In ihr schlossen sich die Imker zusammen, um ihre Interessen besser vertreten zu können. Das Ansehen dieses Berufsstandes war aufgrund der beliebten Waren Honig und Bienenwachs sehr hoch. Es gelang ihnen, zahlreiche Privilegien zu erlangen. In der fränkischen Stadt Feucht gab es ab 1350 sogar eine eigene Gerichtsbarkeit, das Zeidelgericht.

Erst gegen Ende des Mittelalters verlor Honig immer mehr an Bedeutung. Ein Grund dafür war der Preisverfall bei Zucker. So kam es, dass je nach Region nun Zucker oder auch Sirup anstelle des Honigs zum Süßen der Speisen verwendet wurde.

Z-Baum

101

Die Zukunft des Waldes festlegen

Z-Baum steht für »Zukunftsbaum« oder »Zielbaum«. Zukunftsbäume sind das Kernelement einzelbaumbezogener Pflegemaßnahmen der →**Forstwirtschaft**. Dieses Konzept folgt der Überlegung, dass dicke Bäume in der Regel teurer verkauft werden können als dünnere derselben Qualität. Alle Bäume eines →**Waldbestandes** werden zunächst entweder als Z-Bäume oder als »Bedränger« von Z-Bäumen angesehen. Die Z-Bäume werden je nach Baumart bereits in einem sehr frühen Alter ab 10 Jahren ausgewählt. Ab diesem Zeitpunkt dienen alle weiteren Maßnahmen ausschließlich der Erhaltung und Förderung dieser Z-Bäume und deren ungehinderten Kronen- und Stammwachstum.

Die Auswahl erfolgt nach drei Kriterien

Die Auswahl der Z-Bäume im Bestand richtet sich normalerweise nach den Kriterien Vitalität, Stabilität und Qualität. Der Z-Baum muss eine gut ausgebildete Krone haben und konkurrenzstark sein. Er darf keine Schäden am Stamm haben und keinen sogenannten »Zwiesel«. Dies ist eine Gabelung mit zwei Stämmen, wodurch der Baum keine einzelne durchgehende Stammachse hat. Nadelhölzer müssen eine ausreichend grüne Krone haben. Um eine kräftige Ausbildung der Krone zu gewährleisten, dürfen die Z-Bäume nicht allzu dicht stehen. Der Abstand zwischen Z-Bäumen sollte schon im frühen Bestandesalter dem größten möglichen Kronendurchmesser des Z-Baumes im Erntealter entsprechen. Daraus ergeben sich baumartenspezifische Mindest-Z-Baum-Ab-

Diese Lärche wurde als Z-Baum ausgewählt und mit blauem Punkt dauerhaft gekennzeichnet.

stände und Maximal-Z-Baumzahlen je Hektar.

Die ausgewählten Z-Bäume erhalten meist eine dauerhafte Kennzeichnung in Form von farblichen Markierungen oder Bändern. Z-Bäume können auch aus anderen Gründen als dem des Holzertrags gefördert werden. Individuelle Vorlieben des Waldbesitzers für bestimmte erhaltenswerte Mischbaumarten, besonders skurril gewachsene, attraktive Bäume an Wanderwegen aus Gründen der Waldästhetik oder Bäume mit Spechthöhlen aus Biotopschutzgründen können in Z-Baum-Konzepte integriert sein.

Diese Z-Bäume werden durch gezielte und wiederkehrende Freistellung von qualitativ schlechteren Bedrängern in ihrer Kronenentwicklung kontinuierlich so gefördert, dass sie bis zum Erreichen ihres Nutzungszeitpunktes in wertvolle Starkholzdimensionen einwachsen können.

Diese Buche bedrängt den Z-Baum und wird durch Ringeln zum Absterben gebracht.

Bedränger zugunsten des Z-Baums entnommen

Sobald sich die Kronenäste von Z-Baum und Nachbarbaum berühren, muss die nächste →**Durchforstung** erfolgen. Dies bedeutet, dass alle Bäume, die den Z-Baum im Kronenraum berühren und zu bedrängen beginnen, bei der Durchforstung entnommen werden. Diese »Bedränger« machen dem Z-Baum Licht, Wasser und Nährstoffe streitig. Bäume, die indifferent, also weder ein »Z-Baum« noch ein »Bedränger« sind, bleiben als Reservebäume erhalten. Es wird mit dem am stärksten bedrängenden »Bedränger« begonnen. Der →**Förster** muss bei jeder Durchforstung das Risiko eines →**Windwurfs** einkalkulieren und entsprechend vorsichtig handeln. Die Entnahme muss jedoch auch so behutsam erfolgen, dass sich keine Wasserreiser am Stamm der Bäume bilden.

Der Blick nach oben in die Kronen der Bäume erzeugt andere Sichtweisen.

Impressum

Verantwortlich: Stefanie Krüger
Lektorat: Lucy Hase
Layout: BUCHFLINK Rüdiger Wagner
Covergestaltung: Ralph Hellberg

Repro: Cromika, Verona
Herstellung: Alexander Knoll
Printed in Slovenia by Florjancic

★★★★★

Sind Sie mit diesem Titel zufrieden? Dann würden wir uns über Ihre Weiterempfehlung freuen. Erzählen Sie es im Freundeskreis, berichten Sie Ihrem Buchhändler oder bewerten Sie bei Ihrem nächsten Onlinekauf. Und wenn Sie Kritik, Korrekturen oder Aktualisierungen haben, freuen wir uns über Ihre Nachricht an Bruckmann Verlag, Postfach 40 02 09, D-80702 München oder per E-Mail an lektorat@verlagshaus.de.

Unser komplettes Programm finden Sie unter www.bruckmann.de

In diesem Buch wird aus Gründen der besseren Lesbarkeit das generische Maskulinum verwendet. Weibliche und anderweitige Geschlechteridentitäten werden dabei ausdrücklich mitgemeint, soweit es für die Aussage erforderlich ist.

Die Deutsche Nationalbibliothek verzeichnet diese Publikation in der Deutschen Nationalbibliografie; detaillierte bibliografische Daten sind im Internet über http://dnb.d-nb.de abrufbar.

Bildnachweis: Alle Bilder im Innenteil und auf dem Umschlag stammen vom Autor, mit folgenden Ausnahmen: www.shutterstock.com: WildMedia: S. 7; D. Kucharski K. Kucharska: S. 22; Agata Kowalczyk: S. 28; Neil Burton: S. 37; Brian E Kushner: S. 40; Gabi Siebenhuehner: S. 52; David Havel: S. 62; Kletr: S. 64, 126, 146; Pascal Guay: S. 66; Ingrid Maasik: S. 67; Bildagentur Zoonar GmbH: S. 69, 174; sergyiway: S. 70; Rudmer Zwerver: S. 71; LianeM: S. 89; Iva Vagnerova: S. 98; Karel Bartik: S. 100; scaners3d S. 103 re.; encierro: S. 106; allstars: S. 111; WildMedia: S. 121; Vlasto Opatovsky: S. 123, 124; Cristian Gusa: S. 129; Petr Salinger: S. 133 oben; TashaBubo: S. 133 unten; Andrey Pavlov: S. 144; Andreas Altenburger: S. 167; Randy van Domselaar: S. 177; Mark Medcalf: S. 179; Marek R. Swadzba S. 182; Henrik Larsson: S. 183; Sharomka: S. 184; Thomas Soellner: S. 186; weter 78: S. 187.
mauritius images / Alamy / Uber Bilder: S. 51; BI Bannwald Krailling: S. 113

Umschlagvorderseite: Eric Isselee/shutterstock.com, Eichhörnchen: nelik/shutterstock.com, Hintergrund: Ksw Photographer/shutterstock.com, Ahornzweig: olega/shutterstock.com
Umschlagrückseite: Steinpilze (vitalis/shutterstock.com)

3. aktualisierte Aufl age

ISBN: 978-3-7343-1579-4